科学不再可怕

毒蚀地貌的杀手

酸雨蔓延

燕 子 主编

哈爾濱工業大學出版社
HITP HARBIN INSTITUTE OF TECHNOLOGY PRESS

图书在版编目(CIP)数据

毒蚀地貌的杀手：酸雨蔓延 / 燕子主编. -- 哈尔滨：哈尔滨工业大学出版社，2017.6
(科学不再可怕)
ISBN 978-7-5603-6293-9

Ⅰ. ①毒… Ⅱ. ①燕… Ⅲ. ①酸雨 – 儿童读物 Ⅳ. ①X517-49

中国版本图书馆 CIP 数据核字（2016）第 270710 号

科学不再可怕

毒蚀地貌的杀手——酸雨蔓延

策划编辑　甄淼淼
责任编辑　苗金英
文字编辑　张　萍　白　翎
装帧设计　麦田图文
美术设计　Suvi zhao　蓝图
出版发行　哈尔滨工业大学出版社
社　　址　哈尔滨市南岗区复华四道街 10 号　邮编 150006
传　　真　0451-86414049
网　　址　http://hitpress.hit.edu.cn
印　　刷　哈尔滨市石桥印务有限公司
开　　本　710mm × 1000mm　1/16　印张 10　字数 103 千字
版　　次　2017 年 6 月第 1 版　2017 年 6 月第 1 次印刷
书　　号　ISBN 978-7-5603-6293-9
定　　价　28.80元

引言

是什么，让一座座洁白的大理石雕像变得污迹斑斑？是什么，让女孩一头漂亮的金发变成绿色？又是什么，让肥沃的土地拒绝产出粮食……

如果有人告诉你，这一串诘问的答案竟然就是酸雨，你是不是对酸雨产生了想多了解一些的想法呢？

倘若此时有人对你说，酸雨的形成和人类活动有着千丝万缕的联系，你是不是会感到更加惊讶了呢？

想了解酸雨的危害究竟有多大，以及它是如何形成的吗？那就跟随卡克鲁亚博士一起，来一次从自然风光到名胜古迹，再到现代化城市的世界之旅，让我们看看酸雨是如何破坏这些美丽的景色的。

当酸雨的真实面目在你的面前被揭开，或许你会被酸雨的危害吓到，但是当你看到一个个小小的细菌竟然能挺身而出，在治理酸雨的过程中起到极大的作用时，你就会觉得，原来貌似深奥的科学，竟然还有如此轻松有趣的一面。

被玷污的女神

被抹黑的乐山大佛

被戕害的挪威森林

目录

洛杉矶光化学烟雾事件

别误会，我不是坏家伙

酸雨是如何成为建筑物“杀手”的

目录

重灾区伦敦脱雾记

为什么中国成了酸雨重灾区

我们该怎么办

目录

让污染源头清洁起来的细菌

永不过时的自行车

单轨电车和飞艇

地球只有一个，
请爱护我们的绿色家园。

被玷污的女神

大家好，你们亲爱的老爷子——卡克鲁亚博士又来了，这次我们的酸雨之旅从哪里开始呢？让我想一想……

有了，这次我们就从女神开始吧。

提到女神，你们一定会联想到自由女神像吧？这次你们猜对了，我们这次的旅行就从纽约开始。

大家说一说，你们想乘坐什么交通工具去看自由女神像呢？飞机？太空船？

大家的思维实在是太发散了，不过我要另辟蹊径，这次我们要乘船，这可是观赏自由女神像的最佳选择哦！

自由女神——美国的象征

当海轮驶进纽约港湾，首先映入眼帘的就是自由女神像。尽管距离尚远，但因为她加上基座有 93 米高，所以人们在踏上纽约土地之前，第一时间就看到了她。

自由女神像位于美国纽约市哈德逊河口附近，距离曼哈顿岛

西南角3千米的一座小岛上。纽约是一个港口城市，而自由女神像恰好位于航线附近，进港的旅客能够得到她的迎接，离港的旅客可以和她挥手告别。特别是在飞机并不普及的年代，人们到美国大多要乘船，当乘客看到她的时候，就知道目的地到了。

大家知道美国经典影片《泰坦尼克号》吗？在这部影片里，自由女神像也客串了一回呢。影片中，经历了海难，与死神擦肩而过的女主人公露丝获救后站在船上，当看到巨大的自由女神像的那一刻，她历经生死的美国之旅终于到达了目的地……

自由女神像已经不仅仅是一座雕像，她早已成为纽约的一大景观了。她身着古希腊风格的服装，头戴象征七大洲的头冠，右手高举象征自由的火炬，左手捧着《独立宣言》；在她的脚下是被砸碎的手铐和脚镣，象征着从暴政中挣脱而获得自由。

美国是一个典型的移民国家，1620 年，104 名在英国受到迫害的清教徒搭乘“五月花号”轮船踏上北美大陆。当然，那时候还没有美国这个国家。

后来，美国经历了 1775—1783 年的独立战争，终于取得了胜利。独立战争开始的第二年，也就是 1776 年，美国发布了著名的《独立宣言》，宣告美国成立。而自由女神像，正是在独立战争中曾经给过美国帮助的法国，为了纪念彼此在那场战争中的友谊，在独立战争胜利 100 周年的时候送给美国的礼物。1984年，也就是纪念美国独立 200 周年的时候，自由女神像被列入世界遗产名录。

自由不只是美国人的理想，在这个世界上，又有哪个人、哪个国家不喜欢自由，愿意被压迫、被束缚呢？

应该说，在每一个人心中，都有着一座自己的“自由女神像”吧！

女神，你有"护照"吗

别看自由女神像已经成为美国的象征，当初她的"美国之旅"可是充满了坎坷的。

1834 年，一个男婴降生在法国的一个意大利人家中。当时，法国政局比较动荡。1851 年，路易·拿破仑·波拿巴发动政变，推翻了第二共和国，而一些坚定的共和党人则在街头修建掩体，和政变的军队展开了巷战。战斗中，一个女孩手持火炬，高呼着"前进"冲向敌人。枪声响起，女孩倒下了……

这个热爱雕塑，也同样热爱自由的男孩听到这个故事，心中久久不能平静。那一刻，一个高举火炬的女孩形象就成了他心目中自由的象征。这个男孩就是自由女神像的创作者，法国雕塑家巴托尔迪。

很多年过去了，当时的巴托尔迪已经成为一位著名的雕塑家。在一次聚会中，有人提议塑造一座象征自由的雕像，作为法国政府送给美国庆祝独立战争胜利 100 周年的礼物。这一句简单的话，却让多年来埋藏在巴托尔迪心中的那个形象再次浮现出来，他终于可以把他心中的那个象征自由的形象呈现给这个世界了。

有了想法，当然还要有模特。一个很偶然的机会，巴托尔迪在一场婚礼上邂逅了一位叫让娜的美丽姑娘。端庄美丽、仪态万方的让娜让巴托尔迪一眼认定，她就是那个可以"照亮全球"的自由女神。随着雕塑工作的进行，他们之间渐渐产生了爱情并最终结为夫妻。

多么甜蜜的故事，大家想不到在自由女神像的背后，还有这样一段逸事吧？

虽然巴托尔迪为了自由女神像全身心地投入其中，可是当时的美国人却并没有觉得这是什么大事。在此期间，巴托尔迪也曾到美国旅行，并和有关人士进一步商讨雕像的事情，却并没有得到什么热烈的回应。

直到 1876 年，巴托尔迪前往美国费城参加庆祝美国独立 100 周年博览会的时候，为了让人们能够注意到自由女神像，他把自由女神手执火炬的手的雕像在那里展出。果然，这座仅仅食指就长达 2.5 米，直径超过 1 米，而指甲厚度足有 0.25 米的手的雕像引起了轰动。不久，美国国会就通过了决议，批准总统提出的接受自由女神像的请求，并确定了贝德罗岛为自由女神像最后的“家”。

女神就这样有了“护照”。

即便如此，其间还是遇到了很多波折，当然，最后这些问题也都解决了。而巴托尔迪在经历了10年的艰辛后，终于完成了自由女神像的雕塑工作。

自由女神像本身就有46米高，表面是铜，重达225吨。其内部是用钢铁做支架的，钢铁支架是由建筑师维雷勃杜克和工程师居斯塔夫·埃菲尔设计制作的，而后者就是大名鼎鼎的埃菲尔铁塔的设计制作者。这80吨的铜片外皮和120吨的钢铁骨架，是用30万个铆钉装配固定在一起的。

将这样一个庞然大物运到美国可不容易，最后总算是想出了解决办法——拆开后运过去，到达目的地再重新组装到一起。

被玷污的女神

美联社曾经报道过这样一则新闻:2007 年 10 月 8 日,美国最主要的电力企业——美国电力公司和司法部门达成和解协议,美国电力公司接受 46 亿美元的罚金,从而结束了对其长达数年的环境污染联邦诉讼。

大家一定很好奇,这和自由女神像有什么关系呢?

别急嘛,接下来,报道中说道,美国电力公司多年来因燃煤发电,导致空气污染,造成了酸雨危害,不仅让美国东北部山区受到破坏,而且让自由女神像遭到了侵蚀。

最后,美国电力公司同意,在未来的 10 年,将可产生酸雨的化学物质排放量至少减少 69%,此外美国电力公司还要缴纳 1 500 万美元的民事罚款和 6 000 万美元的治污费。

当时参与对美国电力公司发起诉讼的环保组织认为，在之前的20多年中，酸雨让美国东北大部分地区遭到了侵害，受污染的不仅包括位于纽约州的阿迪斯朗达克山脉，甚至殃及自由女神像。当然，这些造成污染的酸雨和烟雾的硫酸盐和硝酸盐的排放者——燃煤发电厂是难逃干系的。

1999年,美国环境保护署和10多家环保组织,以及8个州政府,对美国电力公司提起诉讼,控告该公司违反《洁净空气法》,在未采取控污措施的情况下,重建燃煤发电厂。这8个州政府分别是纽约州、康涅狄格州、马萨诸塞州、新泽西州、马里兰州、罗得岛州、新罕布什尔州和佛蒙特州。

被抹黑的乐山大佛

聪明的同学们，你们知道世界上最大的石刻大佛在哪里吗？

哈哈，原来大家都去那里旅游过呀，也对，那么有名的旅游胜地，你们怎么可能不知道呢！好吧，让我们一起来揭晓答案：世界上最大的石刻大佛就是四川的乐山大佛。

乐山大佛有71米高，是中国，也是世界上最大的一尊摩崖石刻佛像。它有着“山是一尊佛，佛是一座山”的美誉！

神秘的大佛

乐山大佛，又名凌云大佛，位于四川省乐山市南岷江东岸凌云寺侧，地处大渡河、青衣江和岷江三江汇流处，与乐山城隔江相望，向北160余千米就是成都市。

乐山大佛开凿于唐玄宗开元元年（公元713年），于唐德宗贞元十九年（公元803年）完工。

如果你泛舟岷江乐山地域，就会看到在江边正襟危坐，头与山齐，脚踏江水，双手扶膝的乐山大佛了。71 米大概相当于 23 层楼的高度，仅仅是乐山大佛的头就有将近 15 米高，宽度也达到了 10 米。

乐山大佛的耳朵长 6.7 米，鼻子和眉毛的长度达到了 5.6 米，嘴和眼睛长 3.3 米，即便是手指，也足有 8.3 米长。

乐山大佛的脚背有 9 米宽，据说这大佛的脚面上可以坐下 100 多人呢。不过从保护名胜古迹的角度出发，大家还是不要去坐了。

大佛并不是孤立存在的，在它的左右两侧，还各有一座身高超过 16 米的护法天王的石刻，而在这一佛二天王的身边，还有着其他众多的石刻雕像，形成了一个庞大的佛教石刻艺术群体。

大家想不到吧，原来乐山大佛的石刻家族这么庞大！

卡克鲁亚笔记

1996 年，乐山大佛与峨眉山一起被列入世界自然与文化遗产名录，成为中国西部唯一的世界自然与文化双遗产。

奇妙的构造

乐山大佛的独特，并不仅仅因为它的身材高大，还因为它的构造奇妙。

隐身的排水系统

这么大一尊佛像，如果没有良好的排水系统，1 200 多年的雨水侵蚀，不用什么现代的污染破坏，我们也不太可能看到它壮观的形象了，毕竟它是在户外"生活"的。因此，修建一个良好的排水系统，就成了保护大佛的重要项目。

排水系统十分重要，但是大佛的"面子工程"也十分重要！大家想想，如果乐山大佛的脸上、身上插满了排水管，恐怕它的壮观程度会大打折扣吧！不仅要有良好的排水系统，还不能让排水系统太显眼，这可是个难题！

乐山大佛的建造者也考虑到了这一点，经过不断计算，克服了一系列难题，大佛的排水系统终于非常巧妙地完成了。直到现在，排水系统也一点儿都不"喧宾夺主"。

大佛头上有很多发髻，就在这总共18 层发髻的第四层、第九层和第十八层各有一条横向的排水沟，从远处根本就看不出来，丝毫不会影响大佛的美观。

不仅大佛头上有排水沟，在它的衣领和衣服褶皱处也有排水沟。在它的胸前有向左分流的表面排水沟，与右臂后侧的水沟相连。

在大佛两个耳朵背后靠山崖的地方，有着长 9 米多，宽 1 米多，高 3 米多相通的洞穴。而大佛胸部背侧的两面也各有一个洞，右洞宽将近 1 米，高 1.3 米，深 26 米。左洞宽同右洞，比右洞略微低一点，但也超过了 1 米，洞深 8 米多。

以上说的这些排水系统，在过去的 1 000 多年里，对大佛形成了很好的保护，对防止大佛遭到侵蚀风化起到了非常重要的作用。

大石块雕成发髻

1962 年，在有关部门对大佛进行维修工作的时候，人们用粉笔编号，逐一清点了大佛头上的发髻，一共有 1 051 个！这么多发髻，远看和头部浑然一体，要是近看，你就会发现每一个发髻都是由一个单独的石块雕成的，再一个一个地镶嵌到大佛头上。

大家一定好奇，当时的人们是用什么胶把这些单独的石刻发髻

卡克鲁亚笔记

乐山大佛的排水系统非常精妙。在它的衣领和衣服的褶皱处都有排水沟，在它的耳后有着左右相通的洞穴，都可以起到非常好的排水作用。大佛的排水系统妙就妙在隐而不见，既达到了排水的作用，又丝毫不影响大佛的外表形象。

粘在佛头上的吧?

这个嘛,说出来恐怕要吓你一跳,因为这些石刻的发髻仅仅是镶嵌在佛头上,并没有用什么东西粘住。

这是不是很神奇? 会不会担心它们掉下来?

如果那么容易就掉下来,在这 1 200 多年里,大佛岂不是都没头发了。在 1991 年对大佛进行维修的时候,维修人员在佛像右腿附近捡到 3 块发髻,经过对完整发髻的测量,长 78 厘米,你可以想象一下,大佛头上有 1 000 多块这样的发髻呢!

可怜的大佛

几年前,人们发现乐山大佛的鼻子上、脸上竟然出现了黑色的条纹,仿佛泪痕一般。再细看,大佛的胸部、腹部和腿部也都风化、剥落了好几大块,露出红色的"肌肉"。而大佛旁边那两尊原本威武的护法天王,也被侵蚀得面目全非了。

毕竟乐山大佛也有 1 200 多岁了,风吹日晒,有风化现象实属正常。但是随着这些年酸雨的频频来袭,大佛遭受了远远超出正常自然风化的损害程度。

你一定会问,酸雨又是从哪里冒出来的呢?

要想知道这个问题的答案,让我们一起来看看这些年大佛周围的状况吧!

多年来,在大佛的上游一直有造纸厂和制药企业,这些企业肆无忌惮地排放着废气和废水。随着经济的发展,周围的城市建设、铁路和机场也迅速崛起。在发展的同时,人们却忽视了随之而来的环境问题。

乐山大佛在抗战时期,逃过了日本飞机的轰炸,而如今,大佛却因为从天而降的酸雨,不得不付出“失去健康”的代价!

早在 2006 年,乐山大佛景区管委会与中科院成都山地研究所便开始合作,利用现代技术对大佛进行检测。他们发现大佛左小腿区域的风化层平均厚度达到了 2.70~3.35 米,而腹部和胸部区域的表面风化层厚度变化为 2.6~3.6 米,另外,大佛左手背正下方还出

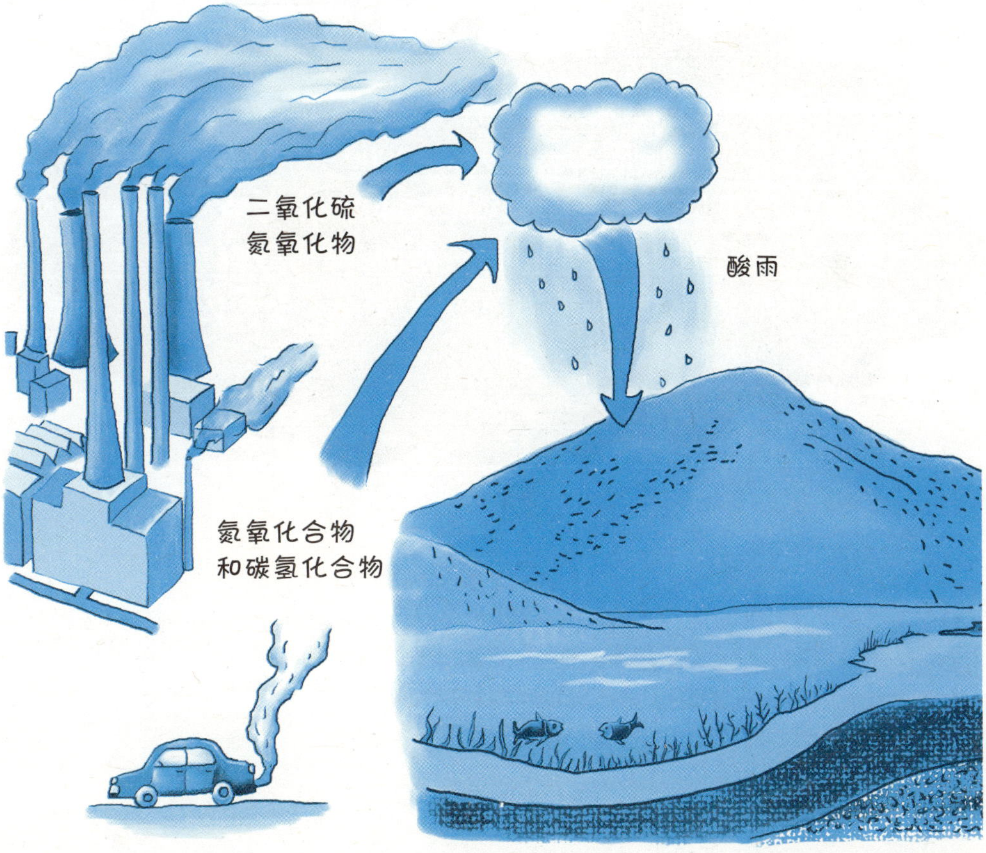

现了一条长达 11 米的裂缝。

事实上，在最近的几十年中，大佛被腐蚀剥落的厚度达到了近 2 厘米，而旁边的凌云栈道的腐损现象更为严重。

尽管当地一再对大佛进行修复，但是倘若不治理周边的环境，大佛的命运依旧堪忧。

乐山市位于四川盆地中心，是中国的酸雨污染较为严重的地区之一。1996—2000 年，乐山市的降水 pH 平均值为 5.0，已经远远高出了旅游城市的标准。本地区的工业区和成都、德阳、绵阳等经济工业带都是酸雨的源头，而自贡和重庆等工业发达城市，也在向大佛传输着污染物。

被戕害的挪威森林

大家以前有没有听说过“挪威森林”？现在听起来会不会觉得耳熟？

很多人都知道有一部很著名的小说就叫《挪威森林》。这部小说里既没有挪威，也没有森林，但它却让人们记住了“挪威森林”这个词语。不过，这部小说却跟我们接下来要说的挪威森林毫无关系。

美丽的挪威

挪威位于北欧斯堪的纳维亚半岛西部，东与瑞典接壤，西邻大西洋。因为拥有极其蜿蜒曲折的海岸线，这里形成了特有的峡湾景色。国土面积为38.5万平方千米的挪威，海岸线就有2.1万千米长，形成了很多的天然海港。

真是一个又窄又长的国家！

挪威是一个南北狭长的国家，斯堪的纳维亚山脉纵贯全境。境内有2/3以上是高原、山地和冰川，湖泊、沼泽和山区遍布南部。众多的海岛和蜿蜒曲折的海岸线，让挪威这个尽管国土面积并不是很大的国家有着众多的优美风景。而“挪威”一词，大约出现于9世纪，意思是“通往北方之路”。

说起挪威最有名的景色，就不得不提及这个国家的峡湾。

挪威最长、最深的峡湾是索格纳峡湾。这个峡湾长达200多千米，最深的地方达到了1 300米。有一些地方的山壁，自海平面起就达到了1 000米，让人不得不叹服大自然的鬼斧神工。

索格纳峡湾从海面垂直拔起，真是太有气势了！

位于南部的全长42千米的吕瑟峡湾，沿着那里入海的河流两岸是巍峨的群山和突兀的峭壁，站在海拔600米的布雷凯斯特伦断崖上，会有一种浮在空中的感觉。

挪威的首都奥斯陆也是一个著名港口，同样也是山水环抱，景色如画。这里的福洛格纳公园和维京博物馆都是著名的游览区。这

里还有一座详述滑雪史的滑雪博物馆，在这里，你能深深地感受到滑雪的魅力。

听了我的讲述，大家是不是都迫不及待地想要去挪威好好地滑一次雪了？

别急，等办完正事儿，一定让你们好好地滑一次雪。到时候，我们就去霍尔门考伦山，那里可是挪威的滑雪胜地。从 1892 年开始，每年的 3 月份，那里都会举办世界闻名的滑雪赛事。那里海拔为 371 米，当你从远处眺望奥斯陆的时候，高耸的霍尔门考伦跳台会醒目地出现在你的视野中。

之所以能形成这样的滑雪胜地，和挪威的高纬度、地理位置等因素有着重要联系。

挪威最南端是北纬 57°54′，北极圈横穿了国土的北部。挪威北部的一些城市，到了夏季根本就没有黑夜，午夜依旧可以看到太阳，而到了冬天则恰恰相反。不过，在这里可以看到美丽的极光哟！

中国的最北端是北纬 54°，与挪威的最南端相比，中国的最北端还是偏南一点的。而且挪威大陆的最北端，也是欧洲大陆的最北端。

越境的“罪犯”

如此美丽的国家，却在 19 世纪末遇到了大麻烦。

那些寒带漂亮的针叶林，竟然有大批莫名其妙地枯死了。更严重的是，到了1911 年，挪威南部河里的鱼类也开始大量死亡。到了 20世纪 80 年代，挪威竟然有总面积达 1 300 平方千米的 1 700 多个湖里没有了鱼……即便有少量的鱼存活下来，也大多体弱多病，而且它们体内的钠异常少。

你知道这意味着什么吗？

这就意味着酸雨中毒！鱼体内缺钠是典型的酸雨中毒的症状。

酸雨，又是它在作怪！

紧随挪威之后，它的邻国瑞典，在1940—1950年也出现了很多异常现象，比如即便不给庄稼施肥，庄稼竟然也能疯长。

这件事乍听起来是件好事，但是你只知其一，不知其二。

当你知道这其中的原因，或许你就不会这样想了。氮是人们常用的化肥，而酸雨中就含有氮氧化物。看起来，这种"天赐"的肥料似乎很美，不过酸雨中所含的物质不是人类可以随便控制的，它不会总是"恰到好处的肥料"。当"失控"的酸雨铺天盖地而来，遭殃的还是地上的植被、建筑以及人们。

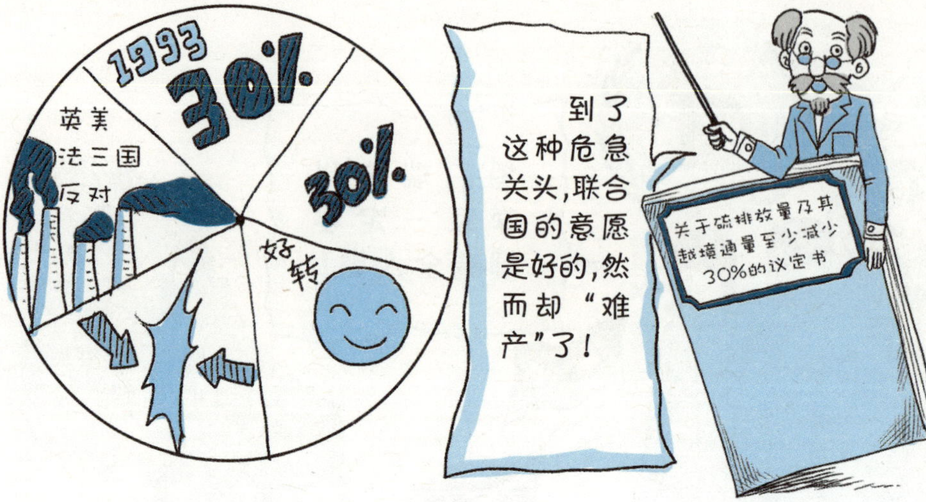

你一定很好奇，这两个国家不像有那么多工业污染源的样子，这么严重的酸雨是从哪里来的呢？

是风给这两个国家带来了酸雨，因为斯堪的纳维亚地处西南风盛行的地区。

你一定很疑惑，风又是如何做到的呢？

因为当时的英国已经深陷大气污染的深渊，为了安抚国内民众的情绪，那里的工厂纷纷把烟囱建高，污染物被排到高空，再由风把它们吹到远方。这些风就把污染物送到了地处下风向的德国和斯堪的纳维亚半岛。就这样，英国制造的二氧化硫等有害气体乘西风，越北海，明目张胆地“偷渡”到北欧斯堪的纳维亚半岛的挪威和瑞典。

挪威科学家布罗加早在 1881 年，就在他的一篇题为《污雪》的报告中指出：英国的大气污染，正是挪威污雪的最主要来源。

你知道英国为什么会有那么多污染源扩散出来吗？这一点，我们很快会谈到的。

你不知道的

大气污染演变为酸雨，是在18世纪，以英国为中心的烧碱工业的兴起之后的事情了。18世纪末，当烧碱成为玻璃和肥皂的原料，其产量突飞猛进的时候，这些工厂在生产过程中排放的氯化氢，导致附近的农作物以及森林枯死，氯化氢的溶液就是盐酸。

黑三角事件

有这样一则冷笑话，一个东北人到位于德国、波兰和捷克交界的“黑三角地区”的一户人家做客。主人在端茶上来时说：“我们这里可提供饮用水的井已经很少了，要是用这里的井水泡上大白菜，用不了多久，就有酸菜吃了。”

森林的“墓地”

捷克地处欧洲腹地，位于一个土地肥沃、三面隆起的盆地中。北部是克尔科诺谢山，南部是舒玛瓦山，东部和东南部则是平均海拔 500~600 米的捷克－摩拉维亚高原。

而这个盆地内的大部分地区都在海拔 500 米以下，东边连着斯洛伐克，南边和奥地利接壤，北邻波兰，西邻德国。从拉贝河平原到比尔森盆地，再到厄尔士山麓盆地和南捷克湖沼地带，森林密布、丘陵起伏，天鹅在布拉格伏尔塔瓦河上空飞翔……真是不负“中欧花园”的美誉啊！

然而如此美好的自然风光，却一度沦陷于酸雨之手。

卡克鲁亚笔记

20 世纪 80 年代，因环境污染严重，位于捷克斯洛伐克北部以及德国东部和波兰南部三国接壤的三角形地带，被称为欧洲的“黑三角”。当年那里的情景就仿佛是月球的表面，坑坑洼洼，毫无生机。尽管有地理环境的因素，但不可否认，长期以来只重生产，忽视环保也是此地至此的重要原因。

1980 年的冬天，欧洲遭到一股超强寒流的突袭。在“黑三角地区”，大片早已表皮剥离、颜色枯黑的树木，再也支撑不住那原本就脆弱到了极限的身体，如多米诺骨牌一般，纷纷倒下了……

这股寒流成了压倒这片森林的最后一棵稻草……整片整片倒地的森林，让这里看上去活像一个森林的“墓地”。

你是不是也好奇，树怎么会如此枯黑脆弱呢？那是因为它们原本就已经被酸雨侵蚀了。

福祸相依的历史

历史上的捷克曾经长期被奥匈帝国统治，在此期间，捷克成了为奥匈帝国提供重要物资的工业基地。这种情况终于在第一次世界大战结束时，因奥匈帝国的解体和捷克斯洛伐克建国，画上了句号。

至于原来占了奥匈帝国超过70%的工业能力，自然就留给了这个新成立的国家，捷克斯洛伐克也因此一跃成为世界上最发达的十大工业国家之一。

你也可以这样理解，这算是因祸得福吧！

是福还是祸？这要看你从哪个角度看了。仅仅从工业的角度看，倒是得利了，然而如果从下面的事情看——未必！

20世纪80年代，捷克环保署的专家就曾经说过："我们的国家一直是欧洲生活环境最差的国家之一。"酸雨让捷克吃尽了苦头。河水又黑又臭，哪里还养得活鱼呢？什么鸟语花香，树木都死了，鸟儿还在哪里安身呢？就更别提"喧宾夺主"的雾霾，简直就是要把蓝天白云"驱逐出境"了……

在这样的环境下，人们的健康如何得到保障啊！

卡克鲁亚笔记

德国、波兰和捷克交界的三角地带，曾经集中了多家炼铜厂、煤矿以及化工厂。它们常年排放工业废弃物和硫化合物，导致这里降水的pH值超出正常十几倍，是这几个国家被酸雨侵害最为严重的地方。

和酸雨的战斗

其实早在捷克斯洛伐克时代，有识之士已经意识到环境出了问题，并提出“生态平衡”的概念，也出台了一些保护环境的立法，但保障措施却实行不力，所以环境的治理效果并不理想。

1989 年东欧剧变，捷克斯洛伐克分成了捷克和斯洛伐克两个国家。加入欧盟后，捷克政府采取了一系列的具体措施，加紧了对环境的保护和对污染的治理。

措施的第一步就是加强立法。捷克政府先是于 1990 年成立了专门负责制定与环保有关的法律的政府生活环境部，之后又相继成立了国家环境信息署、国家环境监测署以及国家自然景观保护署。

接下来就是加大环保方面的资金投入。仅 2009 年，捷克政府用于环保方面的投资就达到了 10 亿欧元。尽管后来有所减少，但每年依旧保持 10 多亿美元的投入。

对于那些技术落后且高污染的重工业企业，捷克政府毫不手软，将其逐一关闭，同时在企业中大力推广节能、减排等技术的改造。

现如今，捷克的公共排水系统的废水净化率已达到 96.2%。对曾经臭名昭著的“黑三角地区”，捷克则与相邻的德国携手，共同完成了欧洲最大的污水净化工程——易北河工程。到 2005 年，由捷克和德国在易北河沿岸建造的污水处理厂已经达到 129 个。新厂建设的同时，他们还对老厂进行了现代化的改造。

捷克政府在积极实施环保措施的同时，还发动民众一起参与其中。无论是垃圾分类，还是主动监督，无不体现出民众环保意识的增强。

我每次讲到这里都是慷慨激昂的！

想想之前的“黑三角”，捷克治理环境污染的过程，怎么看都是人类和污染的一场战争。

我想说的是，污染是人类共同的敌人。

经过不懈努力，捷克的环境治理终于取得了显著效果。到

2005 年，捷克的空气清洁度已经比 1990 年提高了近 10 倍。“黑三角”除了个别地方以外，空气质量也已达到欧盟平均水平。树上有鸟、河里有鱼，一派生机盎然的景象终于又重返捷克大地。不仅如此，捷克人的平均寿命也得到了延长。

人与自然终于重归于好了。

我想至少看起来是这样的，但是如果不好好地珍惜和保护胜利果实，很难保证不走回头路。总之，环境的保护是一项任重道远的事业，不仅是捷克，世界上其他国家和地区都是如此。

环境的改善不仅让捷克再现了“中欧花园”的风采，还让那里人们的健康水平有了很大提高。有报道显示，从 1990 年到 2009 年间，捷克女子的平均寿命延长了 5 岁，男子的平均寿命延长了 7 岁，同期寿命延长时间在欧洲位于前列。

酸雨那些恶毒的整蛊

酸雨除了给这个世界捣乱，它从来就没干过好事。

在波兰就发生过因铁轨被酸雨腐蚀，火车每小时的速度还不到 40 千米的事情。问题是行驶在这样的铁轨上，火车是很危险的。更令人哭笑不得的是，酸雨甚至能把人的头发变绿！

变绿？绿巨人？你千万别以为我在开玩笑。

变绿的头发

大家应该知道北欧人的容貌特征，多是金发碧眼、皮肤白皙的。可是在瑞典南部马克郡，有一户人家的 3 个孩子的头发，竟然从金黄色变成了绿色！

难道是基因突变？

你以为这是科幻小说吗？能有如此“神奇”的变化，当然是酸雨在作怪。

因为马克郡的地下水被酸雨污染了，而那里的人刚好把井里抽水设备的管子换成了铜质的，当铜遇到了酸性的水，就会遭到腐蚀，产生铜绿。这样的水通过水管进入了这户人家，孩子们用这样的水洗澡洗头，结果头发就被染成了绿色。不仅如此，这户人家的浴室和洗手台也都被染成了铜绿色。

同样的事件，在曾经的酸雨重灾区——英国也发生过。

这次可不是给人染头发这么简单了！

这一次，酸雨腐蚀了水管管道，使输水管道破裂。1985 年 12 月，人们正在忙碌着准备过圣诞节的时候，英国约克夏郡发生了直径为 1 米的输水管因酸雨腐蚀而破裂的事件，这次事件直接导致 20 万人陷入断水的恐慌中。

这肯定不是圣诞老人的“礼物”！

卡克鲁亚笔记

铜和锌在遭到酸雨腐蚀并溶于水后，不仅会让水看起来浑浊变色，而且如果人们饮用这样的水，还会对身体造成伤害，使抵抗力较弱的婴幼儿产生原因不明的腹泻。就在“绿头发事件”的发生地，还发生过幼儿园儿童集体中毒的事件，这其实都是酸雨在作怪。

制造“酸冰溜子”的酸雨

你是不是怀疑，这个难不成是冰溜子？

你所知道的东北人口中的“冰溜子”，就是冬天屋檐上流下来的水，被逐渐冻住形成的冰柱。酸雨制造的“酸冰溜子”，却是建筑物表面材质被腐蚀后，变形为冰溜子形状的建筑材质。

哈哈，我都觉得自己在说绕口令。

在日本的许多城市中，曾经发生过建筑物或者立交桥表面物质被腐蚀，形成一个个冰溜子的形状垂在那里的情况。真正的冰溜子会在气候转暖的时候松动，掉下来很可能砸伤人，所以每当春天的时候，很多建筑物前总是立着“楼体有冰溜，请路人小心”

卡克鲁亚笔记

建筑物和立交桥之所以遇到酸雨会形成“冰溜子”，是因为酸雨会让混凝土溶解，而被溶解的混凝土在下滴过程中，水分蒸发，其他固体成分则留了下来，于是就形成了类似石灰岩溶洞中的“石钟乳”的形状，同时滴到地面上的物质堆积之后，就形成了“石笋”的形状。

的警示牌。

同样，因为腐蚀不断地继续，酸雨制造的“酸冰溜子”自然也存在着随时掉下来砸到人的危险，但这还不是它最危险的地方。因为出现了这种冰溜子，就说明这个建筑物已经被腐蚀，已经不牢固了。如果建筑物和立交桥不牢固了，那后果不用特别说明，大家也该知道有多严重了。

楼倒桥塌！

发生这种情况的不只有日本。1985 年，美国联邦环保局做出评估，在美国的 17 个州中，酸雨给建筑物造成的损失竟然高达 50 亿美元。主要是建筑物损伤加速，建筑表面的装饰和涂料剥落，就连窗框也遭到腐蚀，另外也给旅游业造成了高达 20 亿美元的损失。

毁容的圣母石像

酸雨对建筑物的损害，真是多得说也说不完。

世界著名古迹——印度的泰姬陵，也被酸雨侵蚀，失去了大理石原本的光泽，从乳白色渐渐地变成了黄色，有一些甚至变成了丑陋的锈色。

德国的科隆大教堂也同样难逃魔掌，150 多米高的“身躯”，体表石头变得凹凸不平，建筑上的天使和圣母马利亚的石像，很多已被腐蚀得面目全非。

可以想象，能让建筑物体表物质融化成冰溜子的酸雨，消融起雕像的鼻子眼睛来，还不是小菜一碟！

石头们难逃厄运，就连欧洲那些中世纪古老的彩色玻璃也难逃一劫。在电影或者照片里，那些古老大教堂的窗户上都镶着美丽的彩色玻璃。这些玻璃都很珍贵，在战争时期，为了保证它们不被破坏，人们甚至曾经将其拆下来保护起来。然而逃过了战争炮火的彩色玻璃，却没有逃得过酸雨的折磨。这些

精美的玻璃，开始失去那古老而神秘的光泽，有的甚至完全褪色了，在它们的表面上出现了无数个细小的洞。

竟然连纯洁的南极也不放过

终年积雪，永远是一片洁白世界的南极，就连人类在那里都是小心翼翼的，生怕伤害了这块净土。在那寒冷的风暴中，有经过艰苦的长途跋涉，只为每年一次的传宗接代而来的帝企鹅，还有其他动物。可就是在这个纯洁的冰雪童话的世界，竟然也出现了酸雨的魔影。就连中国南极科考站长城站的铁质房屋以及塔台都受到腐

蚀，为此不得不每年刷两到三次油漆。

真是太令我们吃惊了，看来这酸雨是无孔不入，连南极都不放过。

它就像一只怪兽，只要是能消化得了的物体，它就魔口大开，根本不怕“消化不良”。

在北京国子监街的孔庙里有198块“进士题名碑林”，上面刻了元明清三朝的进士们的姓名、籍贯以及名次。如此珍贵的文物、历史资料，却在近年来势凶猛的酸雨中遭到了严重的破坏。

让人痛心哪！

北京其他的古迹和文物，也同样遭受着酸雨的折磨。

石头和金属都扛不住酸雨的侵蚀，就更别提书画了。

图书馆中那些古老的藏书，被氧化、被酸腐……还有那些壁画、油画，也同样面临着酸雨的腐蚀……

你不知道的

酸雨中的干沉降，是一些带有酸性的细小粉尘。它们一旦飞入室内，不仅会对画作的表面产生破坏，甚至可以穿过画作从背后“喷出”。不仅如此，这些酸性颗粒还会深入到油彩层，破坏颜料的化学成分。

推动历史发展的工业革命

工业革命是指开始于18世纪60年代的英国，让人们从手工作坊式的加工，向规模化机器生产发展的一场生产和技术的变革。

以机器的发明和使用取代手工作坊，成为这个时期的标志，因此这个时代也被历史学家称为“机器时代”。

改写历史的新发明——蒸汽机

经过圈地运动后，英国变得强大起来，大量的剩余劳动力从农村涌向城市，加上手工工场积累了大量经验等很多因素，导致市场需求增大，原来的手工工业已经无法满足社会需求，于是大量的新机器和新技术如雨后春笋一般诞生了。这其中，蒸汽机应该算是推进人类历史发展的一个发明了，其中最著名的当数瓦特发明的蒸汽机。

严格来讲，蒸汽机并不是瓦特发明的。一个叫托马斯·纽克曼的人，在1702年左右，就制造出一台原始的蒸汽机。只不过他制造

的蒸汽机需要大量的燃料才能运转，因此显得很不实用。当时，这个“大胃王”也只能在煤矿负责抽水，毕竟在煤矿，它可以近水楼台先得月，随时随地得到它的“大餐”嘛。

一个发明是否能被广泛应用，不仅要看需求，还要看它的实际用途。

其实，在古代埃及，人们就发明了类似蒸汽机的工具，但当时并不是用在工业制造和人民的日常生活中，而是用来开关沉重的庙宇大门。

在古代埃及，蒸汽机没有得到推广应用。而在当时的英国，因为形势就是向着大规模工业的方向发展，所以尽管当时托马斯发明的蒸汽机看起来是个“吃饭多、干活少”的家伙，但还是很有应用价值的。所以在1763年，詹姆斯·瓦特开始对蒸汽机进行改进，直到蒸汽机真正运用到生产中。

到了1800年，瓦特制造的蒸汽机已经在当时的各个工业领域大显身手了。这也是一提到蒸汽机，人们就会想到瓦特的原因。因为是瓦特让世界认识了蒸汽机，并开始使用蒸汽机。

有些学者认为，如果瓦特没生在那个工业革命的时代，估计他的蒸汽机会被扔到哪个角落里，直到生锈。

这种看法得到了大多数人的支持。在瓦特改良蒸汽机之前，人们的生产活动都是靠人力和畜力来完成的。人力和畜力自然是无法跟机器相提并论的，这样一来，生产迅速发展起来。蒸汽机的动力来自于煤的燃烧，于是煤的使用量也大大增加。机器是钢铁制造的，而且工厂的发展也需要钢铁，因此钢铁成了被大量使用的生产资料。钢铁的冶炼需要煤，采煤也用得上蒸汽机，所以人们都说蒸汽机、煤、钢铁是促成工业革命加速发展的主要因素。

卡克鲁亚笔记

因为新技术和新机器层出不穷，到1800年，英国煤和铁的产量，就已经超过了世界其他地区的生产总和。准确地说，英国的煤产量从1770年的600万吨到1861年的5700万吨，可谓发展飞速。钢铁产量也从1770年的5万吨猛增到了1861年的380万吨。人类在进入蒸汽时代的同时，也跨入了钢铁时代。

新发明带来的新发明

铁路的诞生

工业的迅速发展，让运输工具成了亟待解决的问题。一直以来，人类都是依靠人力和畜力运输，在大量钢铁、煤和产品需要运输的时候，原本的运输能力显然已经远远不能满足需求了。

办法是一点点想出来的，比如1761年，英国人在曼彻斯特和沃斯利的煤矿之间开凿了一条长约11千米的运河，这么一来就降低了煤的运输费用。和运河一同发展起来的，是修建具有常年运输能力的公路。

在18世纪中期兴起的铁轨和钢轨，更是让原来的运输劳作减轻了很多。这还只是个开始，后来蒸汽机被装到了货车上，这种行驶在轨道上的机车就成了最早的火车头。

1830 年，这种早期的机车以每小时 22 千米的速度，拉着一列火车从利物浦开到了曼彻斯特。在随后的短短几年里，铁路成了长途运输的主力军。

1838 年，英国已经拥有了 800 千米的铁路，12 年后增长到了 10 000 多千米，到 1870 年，已经有了将近 25 000 千米的铁路。

轮船的诞生

既然能在机车上使用蒸汽机，那么在船上也是可以使用蒸汽机的。从 1770 年开始，就有苏格兰、法国和美国等地的人，不断地研究如何把蒸汽机用在船上。

1807 年，第一艘由蒸汽机做动力的商用汽船“克莱蒙号”，在美国的哈德逊河正式下水。这艘船的建造者是美国人罗伯特·富尔顿。

罗伯特·富尔顿年轻时曾经在英国学习过绘画，但当他遇到瓦特后，便改变志向，一心投入到对工程学的研究中。

就这样，配备着一台瓦特式蒸汽机的“克莱蒙号”，沿着哈德逊河行驶了 150 英里(1 英里约合 1.6 千米)，最后抵达了奥尔巴尼。

被富尔顿的成功所鼓励，之后又有很多发明者纷纷投入到汽船的建造上。其中，亨利·贝尔在克莱德河两岸，为苏格兰的造船业打下了基础。

开始的时候，汽船只是在内陆水域或沿海地区航行，直到 1833 年，一艘名为“皇家威廉号”的汽船穿过海峡驶到英国，这才揭

卡克鲁亚笔记

伴随着交通运输方面的革命性发展，通信方面同样也产生了巨大的变革。过去靠马车和驿站或是人力的船只运送到遥远地方的信息，到了18世纪中期，终于迎来了一次飞跃性的进步——电报的诞生。现如今，电报已经逐渐退出了人们的生活，电话与网络成为我们和外面世界联络的捷径。但在当年，电报的出现，大大地缩短了两地之间信息传递的时间。

开了汽船航海的大幕。仅仅 5 年后，就有两艘船分别用了 16 天和 13 天的时间，以比原来的帆船减少一半的时间，从相反方向穿越大西洋。

毋庸置疑，汽船和火车的作用是非常大的，但是这一切都是在飞机诞生之前，或者说在飞机能正式肩负运载使命之前。

到了 1840 年，第一条横穿大西洋的定期航线诞生了。像现在一样，轮船有了出发的时间和到达的时间，不再是“不定式”。

汽车的诞生

1769 年，一辆蒸汽驱动的三轮汽车在法国诞生了。

这是世界上第一辆汽车，只有 3 个轮子。不敢相信吧？这辆叫作卡布奥雷的汽车不仅只有 3 个轮子，而且前后轮不一样大，前进的时候靠前轮控制方向。车子上有一个大大的锅炉，每走

12~15 分钟，就需要停下来加热 15 分钟，行驶的速度是每小时 3.5~3.9 千米。

两年后，这辆车的制造者又制造了第二部车，可是却没有真正上路。现如今，这辆从来没跑过的车，就在法国巴黎国家艺术馆展览着。

虽然有点失败，但这项发明无疑让过去人走、牲畜拉等古代陆地交通工具有了质的改变。从这个角度来说，这两个失败的发明是有着划时代的意义的。

到了 1804 年，一辆真正的蒸汽汽车诞生了。这辆车可以拉着 10 吨的货物，在铁路上行驶将近 16 千米。

之后，英国人斯瓦底·嘉内于 1825 年利用蒸汽机制造了一辆公共汽车，这辆车上有 18 个座位，车速是每小时 19 千米，算是公交车的鼻祖了。

1859 年，法国人利用煤气和空气的混合气体取代了蒸汽机的蒸汽，制造出煤气内燃机。之后有人在此基础上不断研究改造，第一台实用的活塞式四冲程煤气内燃机由德国工程师尼古拉斯·奥托研制成功。后来人们就把这种四冲程循环叫作奥托循环。作为内燃机的奠基人，奥托也被载入史册，因为他的发明为后来的汽车发明提供了最根本的动力形式。

后来，和奥托一起工作过的德国人戴姆勒发明了汽油蒸汽内燃机，还在 1885 年把这种内燃机装在当时还是木头制造的自行车上，再后来又装在了四轮马车上。

卡克鲁亚笔记

汽车的诞生，无疑为人们的生活提供了诸多方便，然而随之而来的，还有汽车排放的尾气造成的污染。汽车尾气产生的污染物有氮氢化合物、氮氧化合物、一氧化碳、二氧化碳以及铅化合物等。随着人们生活水平的提高，汽车越来越普及，汽车造成的污染也呈猛烈上升之势。

就在戴姆勒把这个机器装在马车上的那年，德国人本茨把这种汽油内燃机装在了三轮车上。这些就是后来汽车和摩托车的鼻祖。

雾都伦敦

伦敦有一个别号——雾都。

之所以会有这样的别号，首先要从它的地理位置说起。伦敦地处泰晤士河口，西风和北大西洋暖流在此交汇，使这里的气候潮湿，加之这里地处盆地，空气流动不畅，昼夜温差也比较大。这样的地理和气候特点，很容易形成大雾天气，而且不是临时性的，而是常驻性的。

开始于18世纪中期的工业革命，让大量机器投入到工厂运转，

这些机器运转的动力来自煤。这些大量燃烧的煤排放出大量的烟雾，更让原本就容易产生雾的伦敦“雪上加霜”。

伦敦是一座古老的城市，随着工业革命的蓬勃发展，在古老中又平添了现代化的味道。加上这里的雾气常年弥漫不散，雾都更是吸引了很多游客慕名而来。著名的泰晤士河、大本钟和伦敦塔，给来自世界各地的游人留下了深刻的印象。

不仅如此，英国还是莎士比亚和很多历史上著名作家的故乡，狄更斯、拜伦、雪莱等，数不胜数。此外还有大名鼎鼎的侦探福尔摩斯，他虽然是一个小说中的人物，但他那虚构的住所，伦敦的贝克街221B 号，到现在依然是众多的侦探迷们顶礼膜拜的地方。

虽然雾都这个名字听起来挺美，不过，如果你真的在大雾中长期生活，就不会有任何浪漫的感觉了。

狄更斯在他的小说《雾都孤儿》中是这样描述当时的伦敦的："在城市边缘地带，雾是深黄色的，靠里一点儿是棕色的，再靠里一点儿，棕色再深一些，再靠里，又再深一点儿，直到商业区的中心地带，雾是赭黑色的。"

这还不是最糟糕的，更为严重的是随着工厂的增多，大量燃煤的使用，不断排放的废气，让伦敦的大雾更加严重。空气中弥漫着极其浓重的灰黄色烟雾，仅仅是气候和地理位置形成的雾，已经完全演变成了严重的空气污染。

走在伦敦的街道上，随处可见建筑上被煤烟熏出的黑色印迹，渐渐地，建筑物和各种雕像上出现了莫名其妙的破损。煤烟熏黑不难理解，但是对于那些建筑物的损伤，当时的人却并不知道具体是被什么物质腐蚀的。

接下来，更严重的问题不断出现。从 19 世纪到 20 世纪的 100多

年里,伦敦的空气污染事件频频发生。直到1952年,发生了骇人听闻的“伦敦烟雾事件”。

那年,从12月5日起,伦敦城风平浪静。这时候正是冬季,取暖当然是要用煤的,加上那些以燃煤为能源的发电站,大量的二氧化碳、一氧化碳,还有二氧化硫和粉尘等污染物,在这没有风的几天里,全都积攒起来,滞留在伦敦上空,连续数日的大雾笼罩着伦敦。

从5日开始到8日,在4天的时间里,就有4 000多人死亡。当时伦敦正在举办一个有350头获奖牛参展的展览,可怜的牛也同样落得不幸的下场,甚至有一头牛当场毙命,剩下的也都因为中毒而奄奄一息。而在之后的两个月,又有8 000多人陆续死亡!

雾都孤儿

浓雾不但损害了人们的健康,同时也给人们的生活造成了一个阴郁的氛围,这刺鼻的、看不清的环境,也掩护了一些可怕的案件。在1888年8月7日发生的白教堂系列谋杀案,就是浓雾掩盖下的罪恶。

阴郁的浓雾,在铸就着各种不幸的同时,也成了很多文学和艺术的大背景。说到伦敦大雾中的文学,人们都会想到狄更斯的小说《雾都孤儿》。

这部小说的原名叫《奥利弗·特维斯特》。即便你没有读过这部小说，一听这个名字，你肯定也知道了这是一个人名。这么看，你或许没什么感觉，觉得不就是个人名嘛！仅仅看这个名字，你不会知道他的年龄和身份，所以也不会有什么特别的感觉。然而如果这部书的名字叫《雾都孤儿》呢？

是的，这就是翻译的技巧和魅力。《雾都孤儿》这个名字，一下子就让你知道了这本书的主人公是个孤儿，他生活在一个迷雾蒙蒙的城市——伦敦。

从孤儿到童工

孤儿总是不幸的，这个叫奥利弗的小男孩也不例外，从小生活在孤儿院的他吃尽了苦头。那时候的孤儿院可没有今天这般人性化，小孩子不仅没有父母的疼爱，还要遭受各种各样的虐待，长期处于吃不饱的状态。

奥利弗为什么会进孤儿院？他的妈妈到底是什么人？没人知道。妈妈在生下他后就离开了人世，而他不得不进了孤儿院。

当奥利弗八九岁的时候，不得不进工厂去做童工。我们必须承认工业革命对整个人类历史的推动作用，但是我们也该看到它的代价……这代价不仅仅是污染，还有最初的工业生产中那些拼命工作的人们的悲惨命运，特别是那些幼小的童工。

狄更斯并不是凭空想象写小说的，他所写的都是有着极其真实的背景的。他本人也有着当童工的经历，正是因为自己的亲身经历，才让他写出了那么多不朽的名著。

当了童工的奥利弗依然不能摆脱他的苦难命运，即使每天没日没夜地工作，还是吃不饱。一个小孩子，正是身体发育的时候，那份辛苦是如今的孩子无法体会的。

过着这样日子的童工，要么苟延残喘地活着，要么就是不堪折磨而死去。之后，奥利弗离开了工厂，又去做学徒，尽管还是非常辛苦，但却依旧无法长久。被欺负和遭受的屈辱待遇，让他再次踏上了漂泊之路。

误入贼窝

后来，奥利弗历尽千辛万苦来到了伦敦，饥寒交迫、举目无亲的他陷入了更加可怕的境地——掉进了贼窝。被逼无奈，奥利弗只好上街偷窃。

一次，在街上对一位老绅士进行偷窃的时候，奥利弗被抓了。后来有人证实，当时行窃的是另一个孩子，也就是比奥利弗更早进入贼窝的一个孩子。老绅士很内疚，对于奥利弗，老绅士满心怜爱，便把他带回自己的家里。自此，奥利弗过上了不愁吃不愁穿的日子，而且最重要的是，他可以上学了！这对于一个从孤儿院出来的孩子，是多么难得和幸福啊！

可是故事并没有到此结束，仅仅到此结束，虽然对主人公来说很幸福，但作为一部小说，对读者来说，就显得过于缺乏故事性了。

就在奥利弗以为幸福生活终于来临的时候，却在老绅士的家中碰到了老绅士的一个亲戚孟斯。这个人对奥利弗充满了敌意，而且和贼窝的头子勾结，企图谋害奥利弗。这两个坏家伙趁奥利弗某次外出时，将他绑架回了贼窝。

幸好贼窝里的一个女孩同情奥利弗的遭遇，偷偷将奥利弗的情况告诉了老绅士，然而这个女孩却被贼窝里的头子给打死了……

终于大团圆了！

到了约定的时候，老绅士一直等着女孩的到来，却一直没有等到，最后却听到了女孩的死讯。于是老绅士报了警，和警察一起捣毁了贼窝，救出了奥利弗。

听到这里，你是不是想知道，为什么老绅士的亲戚那么坏，非要谋害奥利弗？原来奥利弗的妈妈就是这个老绅士的女儿，因为和父亲不喜欢的人恋爱，让父亲很生气，后来就不得不在外面生下了奥利弗，而自己也死去了。那个可恶的亲戚原本是老绅士的继承人，但是发现老绅士竟然还有奥利弗这个外孙，这么一来，他的继承权就作废了。为了自己的利益，他就和贼窝的头子勾结，想谋害奥利弗。

尽管主人公奥利弗从小吃尽苦头，但最后终于和这个世界上唯一的亲人——自己的外公团圆了。

大家是不是觉得这个故事似乎只有名字和咱们这章有点联系，而故事的本身似乎仅仅是个故事？

或许吧……不过我是真心想让没读过狄更斯作品的人能对此有更多的了解，而当你更多地了解狄更斯的作品之后，你应该会对那个时期的“雾”，以及那个时期的工业发展有更深刻的了解。

洛杉矶光化学烟雾事件

提起洛杉矶，你脑中一定会想到三个词：阳光、阳光，阳光！没错，洛杉矶就是这样一个阳光明媚的城市。

这里的人也很热情，走在街上，不管是认识的人还是不认识的人，都会对你微笑着送上问候。

但你不知道的是，这里曾经有着“美国的烟雾城”的恶名……

堕落天使

位于美国西海岸的洛杉矶，是个气候温暖、风光旖旎的地方。自从 1781 年设立“天使女王圣母玛利亚的城镇”后，便有了“天使之城”的美誉。当然，“洛杉矶”这个词的意思也正是“天使之城”。

19 世纪中期，美国兴起淘金热，吸引了大批移民到此生活。1850 年，洛杉矶正式设立为市。到了 19 世纪末 20 世纪初，石油的发现让洛杉矶迅速崛起，成为美国西部的最大城市。

经济的飞速发展使人们的生活水平大大提高。汽车这种代步

工具越来越多。

当时的洛杉矶拥有飞机制造和军工等工业。各种汽车达 400 多万辆，市内高速公路纵横交错，占全市面积的 30%，每条公路每天通过的汽车达 16.8 万辆次。

随着电影业在洛杉矶的崛起，新潮的人们、好莱坞、贝弗利山……先进的技术和迷人的明星，一切都显得如此美好。

然而到了 1943 年，这座一向阳光明媚的城市上空竟然莫名其妙地弥漫着浅蓝色烟雾，阳光和天空都开始模糊起来。

开始的时候，这样的情况并没有引起人们的重视，但到了 1952年，当这样的状况又一次出现的时候，这个“天使之城”竟然有 400 多位 65 岁以上的老人因此死亡。而 1955 年 9 月，短短两天的时间中，就又有 400 多人因此丧命。城市里的许多人也出现了眼睛疼、头疼以及呼吸困难的症状。

这就是轰动世界的著名的公害事件——洛杉矶光化学烟雾事件。

汽车的汽油挥发、漏油、排气和不完全燃烧，每天向城市上空排放大量石油烃废气、一氧化碳、氮氧化物和铅烟。这些排放物经太阳光能的作用发生光化学反应，生成由过氧乙酰基硝酸酯等组成的一种浅蓝色的光化学烟雾，加之洛杉矶三面环山的地形，光化学烟雾扩散不开，就停滞在城市上空，形成了污染。

洛杉矶光化学烟雾事件

凶手竟然是汽车

空气中的碳氢化合物在阳光的作用下，与其他成分发生化学反应，产生了这个可怕又可恶的光化学烟雾。它是由臭氧、氧化氮和乙醛等物质组成的。

你知道它们是从哪里来的吗？

说出来你恐怕会感到有点难过哦，因为第一个来源正是你喜欢的汽车。汽车在行驶时产生的尾气，还有

排放的工业废气，都是造成光化学烟雾的元凶。

汽车尾气中含有烃类碳氢化合物以及二氧化氮，这些物质被排放到大气中后，经过强烈的紫外线照射，在吸收了阳光中的能量后，就会变得很不稳定，导致原来的化学链被破坏而形成新的物质。这种含有剧毒的物质，就是光化学烟雾。

想想那好几百万辆的汽车，每天要消耗多少汽油，排放出多少有毒物质啊？

我统计了一下，大约有 1 100 吨的汽油，至于排放的有毒气体，这里有一组数据——1 000 多吨碳氢化合物，300 多吨氮氧化合物，700 多吨一氧化碳。这还仅仅是这些汽车的尾气，此外还有那些炼油厂等企业工厂的石油燃烧排放呢！

它们简直就是一个生产毒烟雾的工厂！

光化学烟雾总是喜欢出现在晴朗夏天的中午或者午后。它的适应气温是 24~32 ℃，而且要在湿度较低的时候。

难怪光化学烟雾会出现在洛杉矶，因为那里总是有着晴朗的天空。

光化学烟雾的肆虐不仅对人的身体健康造成了伤害，夺走了许多人的生命，甚至波及远离城市 100 千米以外的森林，许多树木因此而枯死，大量柑橘因此而减产。仅仅 1950 年和 1951 年的两年中，因为此污染在美国造成的损失就高达 15 亿美元。

别误会，我不是坏家伙

酸雨，真是个坏家伙。

不过我要是这么说，酸雨好像还觉得冤枉。

也许你也赞同我的说法，它干了这么多坏事，还觉得冤？

被误读的酸雨

确切地说，雨会“喊冤”。

这是因为正常的雨都是有一点微酸的。pH值也就是酸碱度，当pH值等于7的时候，就是中性；大于7的时候，就是碱性；小于7的时候，就是酸性。而正常的没被污染过的雨水的pH值是5.6或5.7。

这么说来，雨就是有点微酸，而所谓的酸雨，实际上是比正常的“酸”还要“酸”的意思吧？

你是不是疑惑，为什么雨水都有点酸呢？

这当然是因为自然界本来就有的物质，比如二氧化碳就会在

空气中和雨水结合，形成弱碳酸。不仅仅正常的雨是微酸的，正常的雾和正常的雪也都是微酸的。

简而言之，就是所有的正常降水都是有点酸的。

卡克鲁亚笔记

用来衡量酸碱度的pH值，是由丹麦化学家索伦森在1909年发明的。而酸是一种含有氢的化合物，这些化合物能在水中分解释放氢离子，而且这种化学作用是可逆的，所以氢会和某元素不断地分解又重新结合。pH标度用来检测水溶液中氢离子的浓度，“pH”代表“氢离子浓度指数”，也就是酸度。

酸雨是怎么来的

酸雨的主要成分是二氧化硫和氮氧化物。

二氧化硫的生成主要是因为工业和生活中的燃煤中含有硫杂质，煤炭燃烧的过程中，有很多烟雾排向空中，这其中就有二氧化硫。石油燃烧也会产生二氧化硫。

而高压汽油发动机在运行过程中会产生一氧化氮和二氧化氮，另外，有一些工业熔炉也会产生这类物质，这些都是氮氧化物。

还有就是生产农业用的氮肥的过程，也会产生二氧化氮。

我们总以为有“氢”才“酸”的，而酸雨好像没有氢啊！

二氧化硫很容易转化成硫酸。至于一氧化氮，尽管它是不溶性气体，但却能与臭氧迅速发生化学反应，形成二氧化氮。而二氧化氮则能与羟基反应生成硝酸。

二氧化硫可以被直接氧化，还可以在加入金属催化剂后氧化，或者被溶解的氮氧化物氧化。此外，它还可以被臭氧、过氧化氢和其他的过氧化物氧化。

好酸！好酸！

哦，这里有个橘子，真是——好酸！

橘子的 pH 值是 3.5，当然也属于酸性的东西了。柠檬的 pH 值

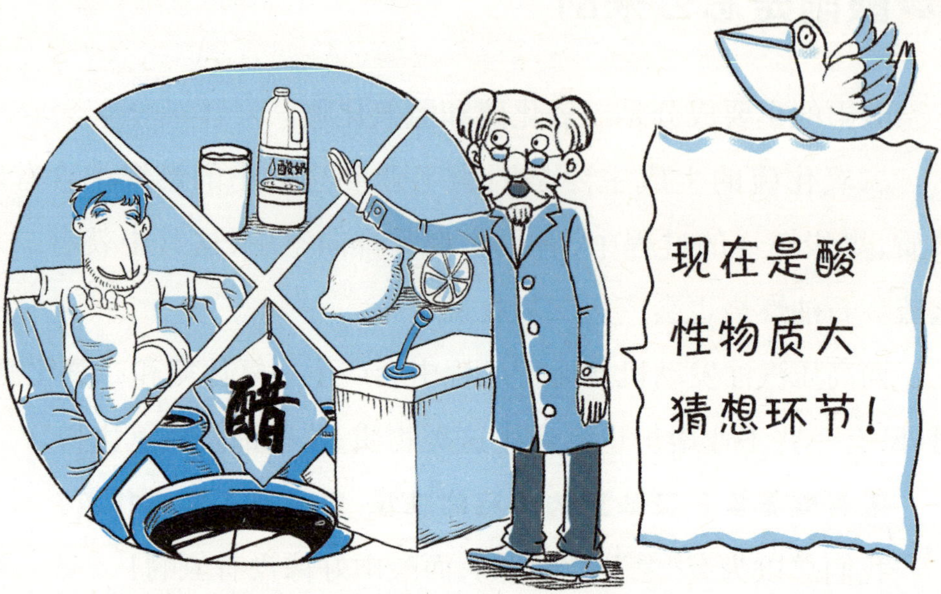

是 2.0。大家应该都体会过柠檬比橘子酸的感受。日常生活中，酸性物质很多，比如维生素 C 是微酸的。

为什么？

那是因为碱性会刺激皮肤，让人很不舒服，同时也会对人的健

卡克鲁亚笔记

科学实验是个严谨却不失趣味的过程。在做化学实验的时候，你会发现，夜晚发生的化学反应与白天不同，比如二氧化氮与臭氧反应生成三氧化氮；还有从有机分子(RH)中提取氢原子的反应；三氧化氮与二氧化氮之间的反应，这个反应生成可以溶解于水的五氧化二氮，而五氧化二氮溶于水后形成硝酸。这些反应都适合在夜间完成，因为三氧化氮和五氧化二氮在阳光下会立刻分解。

康有不好的影响。

人的胃液也是呈酸性的，这样才能让我们吃进去的食物得到有效的消化。不过胃酸的酸度是会改变的，比如饭前饭后就会有所不同。

这回你明白了吧？有时候人会有泛酸的感受就是因为这个原因哦！

另外，有的人在感到某种不适的时候，会说“烧心”。其实“烧”的不是心，而是胃。所谓的“烧心”，是胃酸过高引起的。胃酸正常的时候，是不会出现这种情况的。

血液的 pH 值为 7.5，海水的 pH 值为 8~9。正常的酸奶的 pH 值也就是 6 或偏低点，所以也算是微酸。牛奶的 pH 值是 6.5，实际也是微酸的。纯水的 pH 值则是 7，当然是中性的。注意，这里说的是纯水的 pH 值，而自然界中的水因为各种原因，多数达不到这个标准。

酸雨是如何成为建筑物“杀手”的

如果说酸雨是个“杀手”，那它也是“明目张胆”的“杀手”，所以我们不需要去寻觅它们恶果的踪迹，因为这些罪行就明明白白地摆在我们面前。

我这话说得是不是太哲学了？

其实很简单，因为不用去乡间和森林看那些植物，在城市里，我们的身边，就能看到酸雨造成的恶果。

“嘶嘶”叫的罪行就在眼前

在城市里，建筑物通常都是由石灰石或砂岩建成的。人们为了城市的美化，总会修建很多雕塑，这些雕塑也是以石灰岩和砂岩为材料雕刻而成的。石灰石的主要成分是碳酸钙，砂岩则是由混有黏土或泥土的沙砾组成，再通过矿物质黏合剂把这些东西混合在一起形成的。这种黏合剂就是碳酸钙。

碳酸钙遇到盐酸，就会反应生成氯化钙和二氧化碳。

碳酸钙遇到酸的结果是很快产生二氧化碳，二氧化碳是气

体，这就意味着原来的物质结构解体，那么这些建筑物和雕塑，当然就变得残缺不全了。即便没有马上解体，那些初期的破坏也足以让这些东西变得很难看了。

这种变化有多厉害？让我们滴几滴盐酸在岩石上看看。

你是不是也听到岩石在“嘶嘶”叫呢？

你听到的“嘶嘶”声，就是二氧化碳气体产生的声音。当二氧化碳变成气体飞走后，剩下的就是氯化钙了，而它也是一种可溶性物质，当然是能够溶于水的。

如果再来点雨水一冲刷，这些石头岂不是很快就变成坑坑洼洼的丑八怪了嘛！还有那些建筑和雕塑也同样难逃这种厄运。

等等，别忘了我刚刚不是说砂岩的黏合剂是碳酸钙嘛，要是这种黏合剂被酸腐蚀了，哇，那岂不是疏松、碎裂，一下就打回原形成了粉末哦!

这还不算是最严重的。

你千万别大惊小怪,还有更严重的呢!

比起盐酸,硫酸要厉害多了。它同样会和石灰石起反应,同样会发出“嘶嘶”的声音,让石灰石冒泡。不过,这反应很快就完事儿了。反应中的水没有流失,反而与碳酸钙生成了石膏。

石膏倒是不溶于水,但却变成了涂盖层,所以经过这一番折腾,石头的表面再也不光滑了,再经过风吹日晒,用不了多久就又是裂缝,又是坑坑洼洼,还有很多破口。石膏还可以在岩石内部生成,随着石膏的结晶,岩石开始膨胀,裂缝变得越来越宽了。

在露出新的岩面后,就开始了下一轮的侵蚀。

这可比“滴水穿石”厉害多了吧?

被损害的历史

在欧洲,这种建筑和雕像的损害已经存在了几百年。不过在19 世纪之前,还不是很严重,但到了 19 世纪,这样的损害一下子严重了。

想知道为什么吗?

因为工业革命。在此前,所有的工作都是通过小作坊来完成的,工业革命后,工厂的诞生势头犹如雨后春笋。

这个之前我也提到了。

工厂的运转需要动力，动力需要能源，这种能源就是煤。

但你也别以为是烧煤产生的煤烟让建筑物和雕塑变得黑乎乎的哦！

如果仅仅是这样，倒是简单了。而实际上，来自于空气中某种物质的腐蚀，让这些建筑和雕塑出现更为严重的受损情况。这种状况存在了很久，但是到了19世纪，却极速升级了。当时的人们并不知道元凶究竟是谁。

随着科技的飞速发展，这种腐蚀很快就现出了原形，那就是——酸雨。

英国的化学家罗伯特·安格斯·史密斯，早在1852年就发表了一篇题为《论曼彻斯特的空气和雨》的文章，提到在英国当时著名的工业城市曼彻斯特下风向地区的雨，比其他地方的雨酸性大，而且离城市越远，雨的酸性越小。这是有关酸雨的最早的文字记载。

煤和酸雨具体是什么关系呢？

煤里总是有一些杂质的，最为突出的莫过于硫。煤燃烧后，大量的硫从烟囱排放到空气中，氧化后形成二氧化硫，而二氧化硫在气体状态下，就可直接和空气中的气体元素结合成为硫酸。另外，二氧化硫还可以通过在液体水滴中进行更为复杂的化学反应变成硫酸。

危害远胜于酸雨的酸雾

酸雨，不管这个称呼是否准确，我们还是约定俗成地称其为酸雨吧。严格来讲，被酸性污染物污染过的所有降水都是酸雨。

这就是说，不仅是雨，还有雪和雾也统统是酸的。而且和雨水比起来，酸雾的危害更大。

这是为什么呢？

比雨要湿得多的雾

当你站在雨里的时候，不管多大的雨，最湿的实际是你的头和肩膀，只有在有风的时候，迎风的身体那面才会非常湿。不管多大的雨，身体总还是有一些部位没有暴露在雨中的。

何况当你找到一个避风之处的时候，还可以挡雨。

雾就不一样了，因为雾中所含的水滴非常小，因此这些小小的水滴是可以悬浮于空中的，而且可以从各个方位把你的身体团团围住。

这下明白了吧？

因为雨只是垂直落下来的水，所以总是可以躲避的。而雾的水滴太小，并且四处弥漫，这就意味着我们的身体“浸泡”在了细小的水滴中。尽管雾没有雨那么强烈，但却用一种润物无声、无孔不入的方式，把雾中的我们彻彻底底包裹在了水气里。

浮出水面的重犯

了解了雾比雨湿，就应该知道酸雾一定比酸雨更酸。酸雾的 pH

卡克鲁亚笔记

高空远比地面的温度低。地面的水蒸气上升到空中，就会凝结成小水滴，形成云。然后下降，遇到低空的高温时，再次返回高空，受冷后团结周围的水滴，变大、增重后再次下降，如此反复，当水滴重到无法继续留在空中时，就降落到地面，这就是雨。而雾实际上就是低空的云。

值是3.4。有研究显示，山上的雾比落在平地的雨酸性高出10倍，是没被污染的雨的100倍。

这可不是我夸张啊，这可是有道理的！

雨是云中的水滴大到一定程度，最后不得不落下来形成的。而雾则是低空中的"云"，里面全是些比雨滴要小得多的水滴。

即使是同样体积的球体，如果是几个小球组成一组，另一个是一个独立的大球，尽管这两组的体积相同，但是它们的表面积却不相同。

关于球体的表面积，我可以举个例子，如体积为20个基本单位的5个一组的小球，和体积也是20个基本单位的一个大球，它们的体积是相同的，但是这5个小球的表面积加起来是60.95个基本单位，而这个大球的表面积是35.47个基本单位。

这回明白了吧？

雨和雾也是这个原理，也就是说，同体积"雾滴"的体表面积远

比雨滴的体表面积大。比雨滴小很多的雾的水滴为空中气体分子提供了更大的表面积,而且因为体积小,它们在空中待的时间也更长。这样一来,附着在上面的污染物也就获得了更多的机会溶于其中。

还有就是空气中的酸性颗粒也可以充当云的凝结核,这样一来,同样体积却个数要多的雾,酸性的凝结核也就更多,所以酸雾的酸度高于酸雨。

由于酸雾依仗着它的体积更加微小,也能更加容易地覆盖在植

物和其他物体的表面，因此酸雾比酸雨的危害更大。

相比之下，酸雨对植物的直接危害要小些，只是让树叶和树皮脱落而已。但由于酸雨到达地表时改变了土壤的化学性质，所以尽管对植物的直接损害少，但其通过土壤带来的间接伤害却是非常严重的。

冬天的降水通常是以降雪的形式出现，因此雪也能被酸化。在春天来临之前，这些雪一直存留在地表。它们融化后会流入河流和湖泊，导致水体酸度突然升高，这对鱼卵和鱼苗极为有害。

空气中的水汽之所以能成为云或者雾，随后还能成为雨，就要提到空气中飘浮的细微颗粒。因为空气中的水要想成为水滴，必须要有一个凝结核，也就是说，水汽只有依附到这个凝结核上，才能成为水滴，否则这些水汽只能永远是气体，而无法变成雨或者雾、雪落到地面。

潜伏在地下的杀手

提到酸雨的危害，人们总是会想当然地认为，肯定是落在植物的表面，让叶子和茎受损。实际上，这是个误解。

上面说过了，和酸雾相比，酸雨对植物的危害要小很多，也就是让树叶和树皮脱落而已，地下才是酸雨真正施展淫威的场所。

地下更严重的犯罪——杀死镁和钙

对地表植物的损害，只不过是酸雨的小试牛刀，而当酸雨进入土壤后，才是它疯狂破坏的真正开始。因为它在潜入土壤后，就会改变土壤中物质的化学性质。所以酸雨对植物的直接损害，远远不如它在地下的间接伤害来得凶猛。

有机物质在酸性的土壤中，分解速度要比在中性土壤中慢。有机物质的分解，是将有利于植物生长的养分释放在土壤里的水分中的一种活动，随后这些养分就会被植物的根吸收。

和土壤里的其他矿物质一样，镁和钙是最基本的植物养分，它

们都是风化的产物。岩石中的各种矿物质经过风化作用后进入土壤，为土壤提供养分。黏土颗粒和被分解的有机物颗粒都是带有负电荷的，而镁离子和钙离子却带有正电荷。根据同性相斥、异性相吸的自然法则，正负电荷也会彼此相吸，而这些颗粒表面的交换点，就成了镁离子、钙离子和有机物颗粒相结合的地方。

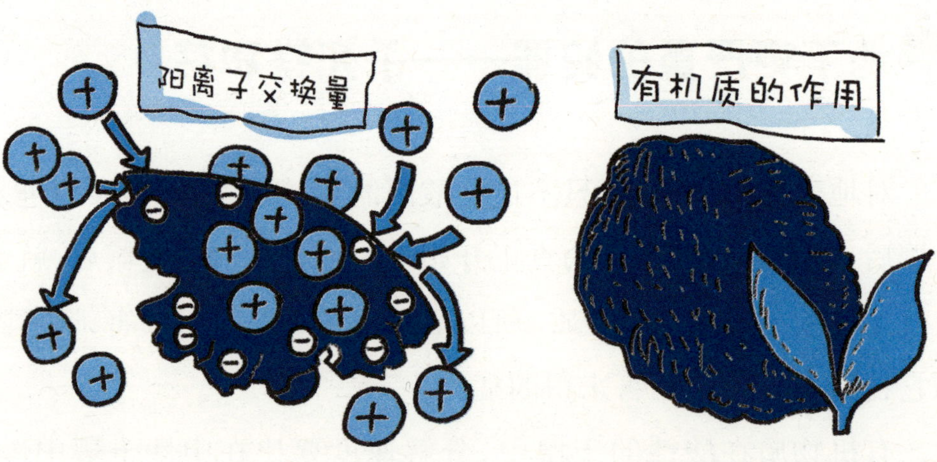

由沉积岩风化后形成的土壤富含镁和钙，因为最普通的沉积岩是由钙和镁的碳酸盐组成的。这些碳酸盐源自遥远时代海洋中死去的壳体动物的残骸。

丰富的钙和镁的阳离子，在土壤中可以有效地抑制氢离子，对土壤起到保护作用，有效地抑制土壤的酸化。这种抑制土壤酸化的保护叫“缓冲”，或者叫“酸中和作用”。而经过缓冲的土壤不易受到酸性降水的影响，相反，缓冲不好的土壤就比较容易受到酸性降水的破坏。

别以为有了这些镁离子和钙离子，土壤就可以高枕无忧了！这只是在土壤里的镁和钙没有遭到破坏的情况下。俗话说，“猛虎不敌群狼”，如果渗入地下的雨水酸度过强，土壤里的镁和钙就会遭

到破坏，同时让土壤失去对酸的中和能力。一旦失去镁和钙的保护，土壤就“变酸”“变坏”了，靠土壤生存的植物也就倒霉了。

和沉积岩相比，花岗岩衍变成的土壤，缓冲力非常差。地下熔岩随火山喷发来到地表，就形成了花岗岩，所以花岗岩又称火成岩。另外，泥炭沼泽酸性也很强，极大地限制了营养物质的转化和有机物质的分解。有机物质分解速度的减慢会使植物缺乏养分，不利于植物的生长。

卡克鲁亚笔记

酸溶于水时就会分解，比如硫酸(H_2SO_4)中的两个氢的组合，就分成了两个单独氢的阳离子。这些带正电荷的阳离子会与镁离子和钙离子抢夺土壤颗粒表面的交换点。如果土壤里有着众多氢的阳离子，它们就足以取代镁离子和钙离子。这个过程叫作质量作用。

杀手铝

铝在土壤里还是很丰富的，但是因为它的电抗性太强，所以土壤里的铝不会形成真正意义上的铝，也就是纯铝。

不过，铝的阳离子还是会附着在交换点上。当土壤的 pH 值低

于 5.5 时，如果酸的主力军氢含量很多的话，一些铝离子就会与土壤中的水结合，这时候一个铝离子是被 6 个水分子包围着。而当pH值低于 5 的时候，其中一个水分子就会分解，脱离这个小团队。这样一来，这个铝离子的周围就是 5 个水分子和 1 个羟基的小团队了。到此为止，土壤正式成为酸性。

自由的铝离子还可以取代镁和钙，被植物根毛吸收，实际就是铝从中作梗，阻碍了植物吸收镁和钙，让植物失去了吸

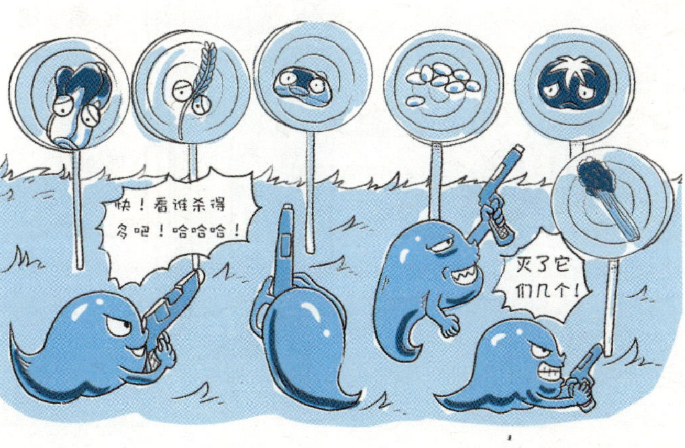

收营养的机会。铝还进一步影响植物体内水的运动,让植物的抗旱能力大大降低。

这坑人的铝……

这还不是铝的全部罪行,在水里它依旧在行凶。

鱼是通过鳃呼吸的,而鱼鳃由大面积可浸入氧气和二氧化碳的膜构成。同样,钠离子和氯离子也可以通过这层膜进入鱼体。由于尿液使鱼体中的盐分下降,因此鱼必须靠鳃来吸收钠和氯。水中的钙离子不仅能防止氢离子通过鳃膜进入,也同样有助于降低鱼体内钠和氯的损失。然而随着酸性的不断增加,水中钙离子的浓度下降,鱼体内的钠离子也跟着快速损耗,鱼因此死亡。

另外,钙离子还可以调控鱼鳃膜的渗透性。但倘若水的 pH 值低于 5.5,钙就会被铝取代,鱼鳃吸收氧气的能力也随之下降。更可怕的是,铝产生的黏液会堵塞鱼鳃,这样鱼就会因受到呼吸疾病的

侵害而大量死亡。

不断变酸的水还会让水中的无脊椎动物数量下降，甚至消失，而很多鱼类是以无脊椎动物为食的。

尽管一些鱼类能够在 pH 值为 4.0 的水中存活，前提是水是慢慢“变酸”的。但在 pH 值为 3.5 以下的水中，基本没有鱼类可以存活了。一般来说，淡水是偏碱性的（pH 6.5~9.0），如果缓冲反应导致溶解于水的二氧化碳含量不是很高的话，淡水鱼在 pH 6.0~6.4 的水中也能存活。当 pH 值低于 5.0 时，鱼类就开始受到危害。

酸雨究竟是什么

之前也说过酸雨这个词的定义并不准确，因为雨都是有点酸的。而酸雨实际是比天然的、没被污染的雨更酸的雨。

“纯雨”微酸是因为大气底层里充满了二氧化碳，它溶于水的时候，就形成了碳酸，所以云中的水分都是呈微酸性的。

但即便如此定义，也还是不够严谨。

各式各样的酸雨

降水的酸性也是存在差异的，比如火山喷发能释放出二氧化硫，随后和水反应生成硫酸，闪电的能量能让氮氧化，这些氧化物溶解后就生成了硝酸。而火山喷发只是在特定的时间和地点发生，闪电当然也只出现在降雨的区域。

也就是说，自然界形成的二氧化碳和氮氧化物是存在时间和地区差别的，酸雨的产生不会和人类流水线上的产品一样有规格，

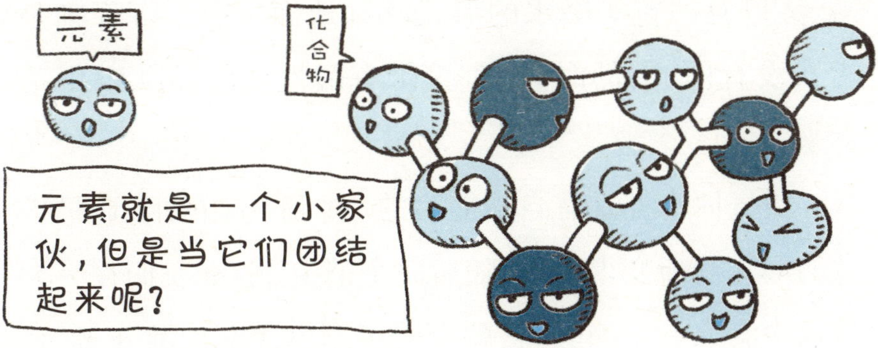

所以酸雨的酸性也都不相同。

酸雨的 pH 值从 4.8 到 5.6 不等，而被污染的雨的 pH 值小于4.8。不过人们习惯上认为 pH 值小于 5.0 的雨就已经被污染了，也有更严格的说法，只要是 pH 值小于 5.6 就是酸雨了。而这种酸雨的正式名称是酸沉降。

酸沉降可分为湿沉降和干沉降。湿沉降说的是污染物随雨、

雪、雾以及冰雹等降水的形式落到地面。而干沉降则是指在没有雨、雪的时候，直接带有酸性的物质从空中落下来。

空气原本都是有自洁能力的。排到空中的烟，通过扩散的形式逐渐变得稀释，随后完全消失。就如我们在一大盆水中滴入一小滴颜料，就会看到颜色逐渐扩散开来，直至完全和水融合，让我们几乎看不到颜色了。不过要是往半盆水里倒一大杯颜料的话，情况就大不相同了。

简单地说，之所以会有酸雨，是因为人类往空中排放的污染物远远超出了空气的自洁能力。

盯住酸雨

自从1852年，英国化学家罗伯特·安格斯·史密斯提出酸雨这个概念后，当时英国的科学家在第二年就开始对英国南部降雨的酸性进行了监控。遗憾的是，这一做法直到20世纪50年代才扩展

到整个西欧。

随着美国工业的崛起，从 1938 年开始，那里的科研人员也注意到了二氧化硫对植物的危害。到了 1944 年，美国新泽西州鲁特格斯大学的科研人员，首次就空气污染对植物的损害进行了研究，他们很快就在德拉瓦尔河沿岸发现了两个受污染的地区。

但是事实上，当酸雨引起人们关注的时候，它已存在很久了。

换而言之，在它已经危害环境很久之后，人们才终于领教了它的厉害！

当飞速发展的新型工业如火如荼地进行着的时候，人们都在为新事物带来的进步而兴奋，却根本没有想到，这些让人们进入现代化时代的新兴工业是否同时伴有副作用。

工业革命发起于英国，到了 19 世纪末，北美的工业也迅速发展起来。特雷尔冶炼厂于 1896 年在加拿大的不列颠哥伦比亚省建成，这个发电厂距离美国的边界只有 18 千米。随着发电厂的运转，释放的二氧化硫也逐年递增，到了 1930 年，这里的二氧化硫释放量每个月几乎达到了 1 万吨。这些二氧化硫沿着河谷顺流而下，在下风向 80 千米的地方，能清晰地见到二氧化硫对树木造成的污染状况。

卡克鲁亚笔记

为了方便在布特铜矿的矿石中提炼铜，人们于 1884 年在此建起了一个冶炼厂。这里迅速成为世界上最大的炼铜厂，并随之诞生了阿纳肯达镇。炼铜厂建在海拔 2 013 米的山上，烟囱的高度达到了海拔 2 196 米。炼铜厂排出的二氧化硫飘出 30 千米外，让远距离的树木跟着遭殃。该工厂因导致周围环境严重污染，终于在 1980 年关闭。现在这里已经成为美国环保署的超级资助对象，希望能帮助那里彻底恢复。

高烟囱——能力有限的大个子

为什么烟囱"长个"了

早在一个多世纪之前，第一个提出酸雨这个概念的史密斯先生就发现，大多数污染都发生在污染源附近。距离越远，污染程度也逐渐减弱。

就如之前所说，工厂排放的烟柱飘得越远，稀释起来也就越

快。因为从烟囱出来的时候，烟也会散开，越是散开，浓度也越小，稀释起来也就越容易。

二氧化硫气体在空中待一段时间之后，就被氧化成了硫酸盐，毒性也大大降低了，最终转化成硫酸。虽然硫酸是有毒的，但因为得到高度的稀释，也就基本没什么危害了。

所以工厂纷纷建起了高高的烟囱，希望排出的污染物能远离地面，在高空中得到稀释。这看起来似乎是个不错的主意。

为了稀释污染物，加速气体的流动，当时的人们开始增加烟囱的高度。200 米高的烟囱已算是很普遍的。在加拿大安大略省萨德伯里市的一家镍厂，拥有世界上最高的烟囱，高达 381 米。人们希望通过增高的烟囱让污染物远离地面，然而……

破坏环境的“远征军”

增高烟囱的办法看起来的确不错，然而污染问题却没有就此解决。科研人员很快就发现，事情远比他们想得要复杂得多。

有些地方因为大气状况等原因，从烟囱里飘出的烟柱会回流到地面，造成严重污染。还有些地方飘出去的烟并没有如愿和空气混合，这些没有被稀释的烟在大气中游荡了很久，最后还是又落回了地面。

不久，人们在美国的佛罗里达州检测到了镍厂排放的污染气体，可是这里却没有镍厂。最后查明，这些污染气体竟然来自萨德伯里镍厂，而这两地之间竟然有 2 000 千米之遥！

不折不扣的破坏环境“远征军”！

后经证明，单纯地把烟囱增高，也只能对 160 千米以内的地区起到保护作用，而 160 千米以外的地区，污染物的浓度依旧相当高。

空气中除了烟囱排放出来的污染物，还有很多来自其他污染源的污染物。烟囱里排出的烟也对当地造成了严重污染。而当这些烟飘到比较远的地方，就会和其他众多的污染物混合在一起。

综上所述，增高烟囱不仅不能保护环境，甚至会让污染的队伍更加壮大！

硫之外的污染物

氮氧化合物是怎么掺和进来的

随着人们使用有机肥料越来越少，化肥的使用当然就越来越多起来，因为化肥能提高农作物的产量，而氮就是一种化肥。当氮以硝酸、氨水或者胺的形式进入土壤时，有促进植物生长的作用。

不过，有些森林原本就生长在贫瘠的土地上，过多的氮会对这些树木造成伤害。贫瘠的土地中，缺乏矿物质营养。这时候如果氮加入进来，尽管能促进树木生长，但树木需要的其他养分就会变得匮乏，而且氮还会让树木失去耐寒和耐旱的能力。

草和小麦等植物，也会因为吸收了大量的氮，而备受寒冷和干

旱的困扰。

那些可怜的冬小麦，如果没有抵抗寒冷的能力了，后果将不堪设想！

因为二氧化硫和氮以及自然的原因，在过去的 200 年里，欧洲的森林面积有过 5 次较大规模的减少。到了20 世纪，这种情况在北美地区出现了 13 次，虽然其中 6 次和空气污染没有关系，但是这

些污染物对森林造成的危害，还是绝对不可轻视的。

当二氧化硫通过气孔进入植物体内，参与到光合作用中，释放出氧气，就给臭氧打开了一道进入植物叶子细胞的大门。一旦臭氧侵入，就会对包裹叶绿体的膜产生破坏，导致光合作用的速度降低，对植物造成损害。

除了化肥的使用产生氮氧化物，汽车尾气中的氮氧化物也同样是一大污染源。

由此可见，象征着人们生活水平提高的汽车也需要与时俱进，不断改进和完善呀！

氨水是一种极易挥发的物质，在农村的旱厕，往往会闻到一种刺鼻的味道，这就是氨水在作怪。氨水蒸发后，溶解在雨中，再以氨水和胺的形式返回地面造成污染。人类和牲畜的尿液都会产生氨水。

卡克鲁亚笔记

植物大多经不起二氧化硫的折磨，而这其中，尤以苔藓类植物最为娇弱。许多苔藓类植物都经不起二氧化硫的侵害，而且不同种类的苔藓受到二氧化硫的损害，表现程度也不一样。根据不同种类苔藓的分布以及受损状况，人们绘制成图，借以判断二氧化硫的污染状况。

治理方法

尽管加高烟囱后，污染物稀释后的浓度变淡，但它们却还是长时间停留在大气中。尽管硫酸浓度会被雨水稀释，但雾里的硫酸浓度却依旧很高。特别是在发生干沉降的时候，硫酸会直接积存在土壤里，造成危害。

你一定好奇：有没有好办法对付酸雨？

最简单、最有效的办法就是——减少污染物的排放！

如今，北美地区以及欧盟的许多国家，工厂和发电厂都不再大量排放二氧化硫了。从 1980 年到 2000 年的 20 年间，美国燃烧矿物质释放的二氧化硫总量，就从 2 640 万吨降低到 1 650 万吨，而且之后还在下降。同时期内，欧洲国家的二氧化硫排放总量，也从6 500 万吨下降到了 2 860 万吨。

但是你可别高兴得太早，这些地区的污染物排放量虽然降低了，但是亚洲的二氧化硫排放量却在迅速增长。

有这么多的教训在前，后来的国家在发展经济的时候，必须要做到生产和治污两手抓！只有防治才是最好的捷径。

酸雨的污染是不能忽视的，尽管硫的排放量有所降低，但氮氧化物的排放量却始终在增加。

除了没有风的时候，烟囱上的烟还是会保持一个向上的高度的，随后才会沿着顺风的方向运动。这个烟飘走之前的高度，就是有效烟囱高度。有效烟囱高度的计算方法很简单，就是将烟囱的高度和烟流的高度相加。烟流高度，就是烟在变成水平运动前的那节高度。

重灾区伦敦脱雾记

轰动整个英国乃至全世界的“烟雾事件”，让英国国内一片哗然，民众的抗议让政府不得不开始展开细致调查。

不过事后，政府依旧没有推出有效的治理方案。一些官员还把责任推给气象，说伦敦的雾霾现象是城市上空受高压系统控制，又总是没有风，而导致废气无法扩散所造成的。

随着雾霾的不断加重，英国政府终于意识到了问题的严重性，并下决心整治。

重拳出击——系列法案出台

既然下决心治理，仅仅靠规劝和民众的抗议当然是不会有什么大作用的，必须形成法律。只有在法律的监督下，才能管住排放污染物的企业。

既然已经找出了烟雾的“罪魁祸首”——煤，接下来就是根据具体情况，制定相应的法案。

整个过程自然也是一波三折，但英国政府决心已定。受灾最重的伦敦市于 1954 年率先出台了《伦敦城法案》，严格控制烟雾的排放。

为了将治理推向全国，1956 年，英国政府颁布了《清洁空气法案》，并在 1968 年对该法案进行进一步修订。

这个法案主要针对工厂燃煤和居民取暖产生的污染进行治

理。首先是从工厂下手，叫停伦敦城内所有的火电厂，将重工业和发电厂都迁出市区，在郊区重建。接下来就是大规模地改造城市居民传统的炉灶，借以减少煤炭的用量。至于冬季的取暖和做饭问题，则采取了集中供暖，并逐步用天然气取代了燃煤。

在城市中设置禁止使用产生烟雾燃料的无烟区，是该法案最大的闪光点。

看来雾都终于要拨"雾"见日了！

1956 年，英国政府制定了《制碱等工厂法》，进一步对工厂排污实施控制。该法规定，所有相关企业，每年必须对可能产生污染的生产工艺进行一次登记。同时规定，只有采取了可以长期防止有害气体排放设施的工艺才有资格登记，而登记后的工艺，在生产过程中不得排放黑烟。

尽管方法得当，法规严格，但毕竟环境问题已成为顽疾，治理

是一个任重道远的过程。1957~1962 年，伦敦又接连出现了 12 次雾霾，而且又有 1 200 人在 1962 年的严重雾霾中非正常死亡。严峻的现实让英国政府出台了更加强硬的措施，自此踏上了“铁腕治污”之路。

经过 20 年的努力，到 1975 年，伦敦有雾的日子从每年几十天减至 15 天。曾经恶臭弥散的泰晤士河终于有鱼了，伦敦人也终于可以在都市里垂钓了。

步步紧逼

上面所说的，也只能算是初见成效。英国没有就此沾沾自喜，而是继续加紧治理。

20 世纪 80 年代后，汽车数量的猛增，让伦敦再次受到“新污染”——汽车尾气的威胁。

为了迎接新的挑战，英国加紧对燃油的管理，对私家车征收拥堵费，控制私家车的数量，发展公交网络等措施纷纷出台。

1993 年，为了进一步控制新污染，英国出台了针对机动车燃油的管理条例，规定在英国出售的新车都要加装可以减少氮氧化物的催化器。而且为确保尾气达标，在伦敦使用的汽车必须每三年送检一次。

在如此严格的法规下，越来越多的人放弃开车，选择乘坐公交车或者地铁，伦敦的废气排放量也大大减少了。

进入新世纪后，伦敦成功地获得了2012年奥运会的主办权。然而历史悠久的伦敦那糟糕的空气，让很多人对在伦敦举办奥运会表现出担忧的情绪。

人们的担忧也是有道理的，毕竟伦敦雾都的大名在人们心中早已根深蒂固了。

卡克鲁亚笔记

为了确保2012年伦敦奥运会举办期间空气的清洁，英国于2008年正式通过《气候变化法案》，这是世界上首个针对碳排放而制定的专门法规。该法规规定，以1990年碳排放量为基础，到2020年减排34%，2050年减排80%。

看“低碳”先驱是如何做的

在这方面，英国成了“低碳”当之无愧的领跑者。

要想彻底消灭大气污染，制造业就必须向低碳经济转型。治理大气污染多年的英国，再次制定目标，要在2050年把英国变成一个真正的低碳国家。

2007年，当时的伦敦市长宣布的环保规划中，不仅包括在20年内减少60%的二氧化碳排放的内容，甚至连伦敦市民看电视的时间也将减少，就连灯泡也都换成了节能的。对于表现出色的企业和政府机构，政府还会对其授予绿色奖章。

英国在整体经济增长速度放缓的大背景下，绿色经济产业却得到了长足发展，绿色行业创造的就业岗位大大增加，预计到 2020 年，绿色行业的从业者可达到 120 万人。

在推进新能源、新技术，提高电能使用效率，大幅度减少污染排放的同时，自行车也成了推进低碳环保的主力军。

这种“绿色交通”是由市长鲍里斯·约翰逊牵头兴起的，他本人也是每天骑自行车上下班。

与此同时，英国还实行了关于自行车租赁等一系列措施。在伦敦，随时可以看到带着折叠自行车乘坐地铁和火车的人，就连航空公司也很配合地提供对自行车的托运服务。

这种做法既环保又锻炼身体，真是一举两得！在英国，环保的理念也愈加深入人心。

就这样，在社会各界齐心努力下，英国的首都伦敦已经

有 1/3 的城区覆盖了花园、绿地以及森林。100 个社区花园和 14 个城市农场，50 多个自然保护区，还有 80 千米长的运河，在蓝天白云的映衬下，让人很难想象那里曾经是“雾都”。

看来伦敦已经从“雾都”变成花园之都了！

然而在伦敦一些古老的建筑上，却依然可以看见曾经“黑历史”的印迹。这些印迹时刻提醒着人们，环保是个永恒的事业，决不能让历史重演！

在 2012 年伦敦奥运会之前，伦敦尝试在空气污染严重的街区喷洒新型胶粘剂，借以吸附空气中的可吸入颗粒物。这种方法可以避免这些颗粒物重新回到空气中循环。尽管这只是权宜之计，但为了即将开幕的奥运会，也算是解了燃眉之急。

为什么中国成了酸雨重灾区

毋庸置疑，世界上的酸雨重灾区是欧洲和北美，而让人意想不到的是，中国竟然也成了酸雨重灾区。

工业革命的时候，中国的清政府正沉浸在天朝大国的故步自封之中，工业革命这班快车没有搭上，而且中国距离欧洲又那么遥远，那里的污染也不可能漂洋过海到中国，可是 100 年之后，这里竟也成了酸雨的重灾区。

中国的重灾区

20 世纪 80 年代，中国的酸雨受灾区还是以川贵、两广地区的重庆、贵阳和柳州为主，不过当时的受灾面积就已经达到了 170 万平方千米。

这个面积已经快抵上英国国土面积的 7 倍了。

刚刚说的只是 20 世纪 80 年代的事情。到了 90 年代中期，空中自由移动的酸雨，发展到了长江以南、青藏高原以东以及四川盆地的大部分地区，酸雨的“占领区”又扩大了 100 多万平方千米。湖南

的长沙和怀化，江西的赣州都成了酸雨重灾区。该范围内的中心地区的年降酸雨频率竟然高达 90%！

是不是触目惊心呢？这样的百分比，岂不是一下雨就是酸雨了嘛！

就连华北和东部的局部地区也出现了酸雨。到了 1998 年，全国一半以上的城市都下过酸雨，其中 70%以上都在南方。

为什么中国的酸雨多分布在南方

那时候酸雨的总覆盖面积，已经达到了国土面积的 1/3。

中国的酸雨多分布在长江以南的四川盆地、贵州、湖南、湖北、江西，以及沿海的福建、广东等省，与之相比，华北的酸雨就没有这么猖狂了。

这其中的原因就是北方降水原本就比较少，空气湿度和土壤酸度也比较低，总体来讲北方的酸雨还是比较少的。但是有些事情还是值得我们关注，北方地区也有些地方出现了酸性的降水。

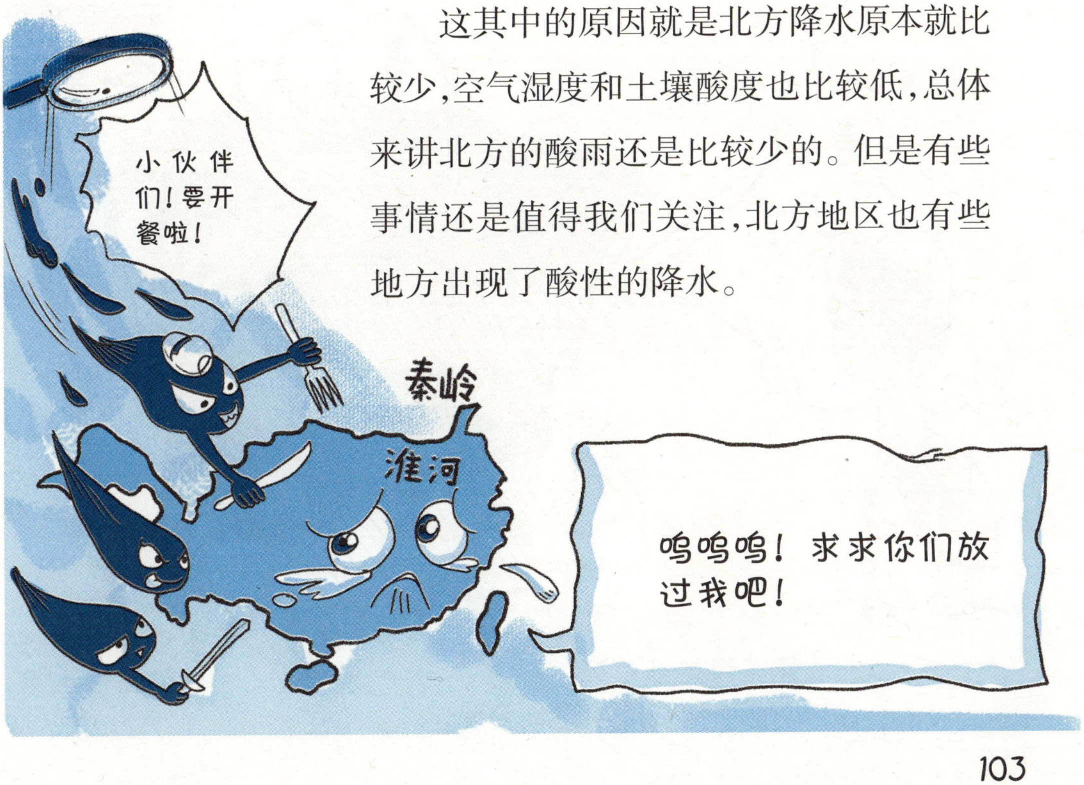

中国南方的土壤原本也多是呈酸性的，在经过酸雨的冲刷后，土壤的酸化就更加严重了。而中国北方的土壤则是呈碱性的，当然对酸雨有着较强的缓冲能力了。

因为中国以燃煤作为主要燃料，而南方使用的煤炭燃料则多是高硫煤。硫是产生酸雨的重要物质，酸雨又是“飘忽不定”的，如此一来，这些“不老实”的酸雨就会“毫无顾忌”地向北部和东部漂移。

有专家估算，每年的酸雨破坏面积可达200多万平方千米，造成的经济损失超过200亿元人民币。结果就导致中国成为仅次于欧洲和北美的第三大酸雨重灾区。

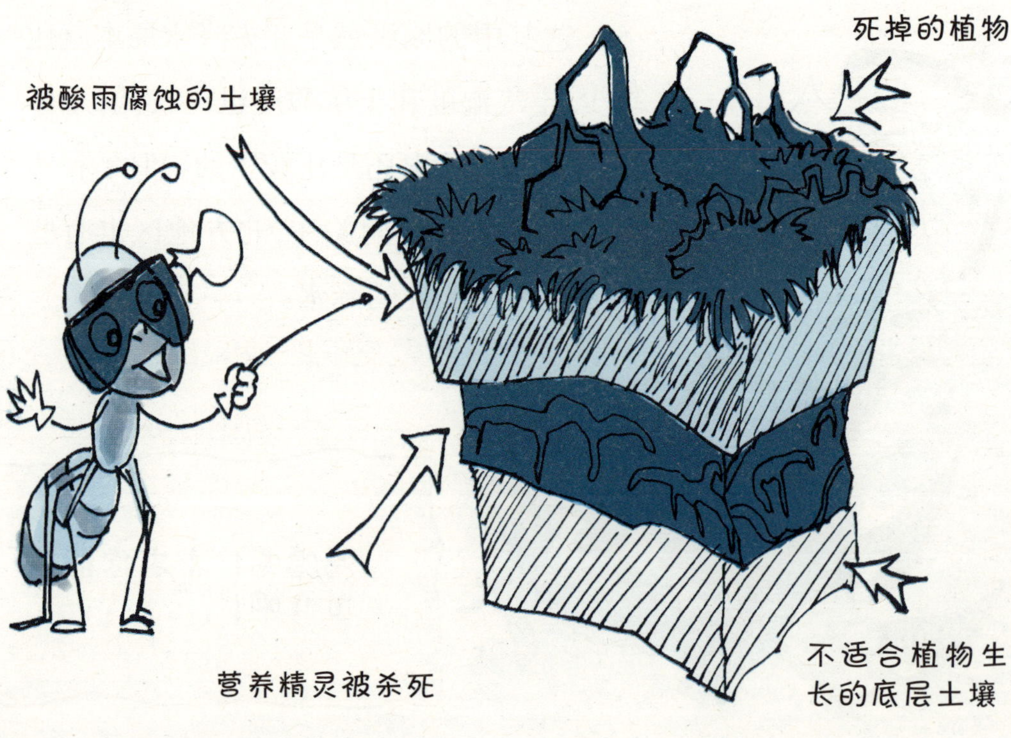

卡克鲁亚笔记

酸雨落地的直接危害就是加速土壤矿物质营养元素的流失，改变土壤结构，导致土壤贫瘠化，影响植物正常发育。酸雨还能诱发植物病虫害，使农作物大幅度减产，其中以小麦受影响最为严重，可减产13%至34%。遭到酸雨侵害的大豆、蔬菜的产量及其蛋白质含量都会大幅下降。

在中国，近些年来，随着经济的迅速发展，各种排污量也是极速上升。和当初工业革命的发源地英国一样，也并没有提前意识到促进经济发展的那些工厂会排出什么让人类难以接受的污染物。

发展总是有代价的，人类对地球的每一种改变都会产生连锁反应，可是人类总是不能预料到。

近 30 多年来，中国已经意识到了环境问题的重要性，对酸雨污染也进行了诸多行之有效的治理。我们也希望中国的酸雨问题能够早日得到解决。

北上的酸雨

在我国，酸雨多出现在南方。

不过，倘若你身在北方，也不要为此窃喜，因为酸雨早已经北上了。

早在2006年，酸雨就跨越了长江，向着北京、天津、河北、山东、陕西、山西一路北上。那一年的酸雨北上，曾被列为当年全国气候十大事件之一。

根据气象部门资料显示，2006年，这些省市年均降水pH值为4.5，酸雨频率为44%，而其中的强酸雨频率则达到了23%。

我们该怎么办

相信大家一定不甘心任由酸雨随便欺负，任由它在我们的“家里”如此嚣张。

我们决不能让这个危险分子一直在我们的上空优哉游哉地踱步。

那么，我们该怎么办呢？

开发新能源

减少污染物的排放是治理污染的根本方法。

可是现如今的世界，是一个需要能源才能运转的世界。我们可以不用那些产生污染物的能源，但接下来呢？总不能退回到马车代步、人畜拉犁的时代吧！

所以，开发无污染的新能源就成了重中之重。

太阳能，既干净又省钱！

还有水能、潮汐能、地热、风能以及氢能等，这些都是无污染或者少污染的能源。

水能

水能是一种可以再生利用的能源，主要用于发电。其原理是利用水的落差产生的重力作用形成动能，再带动水轮机的运转，从而把水能转化成机械能。然后就是利用水轮机带动发电机的旋转，产生电流。

以水力发电的单位叫水电厂，或者是水电站。

▶水能的优点：

成本低，还可以再生，当然最重要的是——无污染。

▶水力发电的缺点：

①水力发电当然要在有水的地方才行，而且即便有了水，因为季节的关系，水的总量和流量也会有所变化。

②要有合适的地形。如果没有地形产生落差，继而产生动力，再多的水也是没有用的。

建设水电站当然很好，不过会不会对当地的环境有所影响呢？毕竟建水电站是要改变一些地貌的。

我想这些都是需要考虑的，相信政府和科研人员会把这些因素考虑进去。

卡克鲁亚笔记

世界上水电装机容量排行第一位的就是美国。早在1992年，美国就已经建成了2304座常规水电站，装机共7349万千瓦，发电量达到了3066亿千瓦小时。其中，抽水蓄能水电站也有38座，共计1810千瓦。发电量在100万千瓦以上的水电站有10座。

潮汐能

大家都知道，海水有涨潮、落潮的现象。当涨潮的时候，汹涌的海水就产生了巨大的动能，随着海水的上涨，巨大的动能就会转化成势能。而落潮的时候，海水退去的力量同样巨大，随着海水的降低，势能就转化成了动能。

这些能量用来发电，当然是干净卫生的了。但潮汐现象也是因地而异的，不过任何地方的潮汐都是可以被预报的。人类可以在经常发生潮汐的地方，比如海湾、河口等，建筑堤坝、水库，蓄积大量的海水，通过发电厂里的水轮发电机进行发电。

在大潮来袭的时候，人们便可利用这些设施，从潮汐中取得能量。

全球范围内，潮汐的最大差值为 15 米。不过一般来说，潮差达到 3 米就已经有利用价值了。潮汐实际是由太阳、月亮的引力引起的。不仅海水会产生涨潮落潮的变化，就连地球的岩石圈和大气圈也会随之变化，换言之，地球的形状也会随着这种力量而有所改变，只不过不会像海水的改变那么明显而已。

地热能

人们很早就开始利用地热能了。

大家都知道温泉吧？

当然，这只是其中之一，其他的还有利用地热建造的温室和水产养殖等。

人们真正意识到地热的作用，是在 20 世纪中期。

地热绝大部分当然是来自地球的深处。地壳的下面有很灼热

卡克鲁亚笔记

地热发电实际上就是把地下的热能转化成机械能，随后再把机械能转化为电能。热源的开发主要分为蒸汽型和热水型两类，因此地热发电也就分成两类。蒸汽型地热发电就是把蒸汽中的岩屑和水滴分离出去后，把干蒸汽直接引入汽轮发电机中发电。

的岩浆。地热是通过地下水的循环，再和来自更深处的岩浆一起往上侵入地壳，就这样把地下很深处的地热带到了地表。

大部分地热都处在板块构造的边缘，因为这里才有缝隙让它们最后爬出地面。而且火山和地震的高发区也在这里，只有板块之间彼此运动和挤压，才会产生地下岩浆的喷发，引发地震和火山喷发等现象。

首先，是将高压热水抽到地面，在此过程中，因压力下降，部分热水极其迅速地变成蒸汽，再把这蒸汽送到汽轮机中，这叫“闪蒸系统”。

另外，热水型地热发电还有一种双循环系统。通过将地热水进行热交换，传递给另一种低沸点的工作流体，让其沸腾产生蒸气。随后蒸气进入汽轮机，再进入凝汽器，通过热交换完成发电，地热水则从交换器重新注入地下。这种系统非常适合含盐量大、腐蚀性强和不凝结气体含量高的地热资源。

老能源的改造——先给煤洗个澡

你是不是很疑惑，这些新能源的应用总是需要一个过程的，我们能立刻抛弃那些旧能源吗？

尽管新能源很多，但由于技术原因和造价高，目前尚无法普及，所以煤炭还是人类一时不能脱离的一种能源。

那么，如何能让煤尽可能地成为清洁的能源呢？

煤的最大威胁是含有硫，那是不是该想办法把硫“赶出去”呢？

的确，煤炭只有尽可能地脱硫，才能减少二氧化硫的排放。让煤脱硫就是用一些化学及物理方法，将煤中的硫处理掉。

关于煤炭脱硫的技术,实在是个非常复杂的过程,简单地说,就是低温甲醇洗脱硫碳的综合技术。

洗脱,你也可以理解为是给煤洗澡!

▶这只是让煤脱硫的一种方式。在燃烧前,对煤炭实施洗选脱硫,去掉煤中原有的部分硫和灰,以达到对煤的净化。具体方法分为物理法、化学法以及微生物法等。

①物理法的工作原理是利用煤中的有机质和硫铁矿的密度差异,让这些物质分离。

利用不同物质的密度不同将它们分离开来。这有点像过筛子,一些物质掉下去,一些物质留下来。

虽然原理不同,但是道理却是相同的。而淘汰法选煤,的确也是一种物理脱硫的方式。

②化学法则是用碱法脱硫。这个比较好理解,毕竟酸碱是可以中和的嘛。还有气体脱硫、热解与氢化脱硫以及氧化法脱硫等。

③微生物法。就是利用细菌可以进出金属的原理，将煤中的硫脱去。

④还有一种方法是在煤的燃烧过程中进行脱硫。原理就是加入脱硫剂，与煤燃烧时产生的二氧化硫发生反应，产生硫酸盐，最后随着灰排出去。

▶中国在煤的燃烧过程中的脱硫技术主要有两种。

①将石灰石、大理石和电石渣等固硫剂筛分，按一定比例配煤，这些物质的配比量要视煤的含硫量而定。这种方式叫型煤固硫技术。

②把可以吸附硫的吸附剂和煤一起放入炉子里，当炉底鼓风的时候，放置煤和吸附剂的床层就会悬浮起来，进行流化燃烧，提升燃烧效率。作为吸附剂的石灰石在煅烧过程中会分解成有很多孔的氧化钙，二氧化硫就这么被“抓进”这些孔中，并与之进行化学反应，达到脱硫的目的。

只要努力，就有希望。

目前，在中国，煤炭在使用前的入洗率还是很低的，只有 20%左右。比较而言，美国是42%，法国是88.7%，而曾经的酸雨重灾区英国已达到94%，不过洗煤这种物理筛选法并不能去除大部分的硫，所以也只是煤脱硫的辅助手段。

卡克鲁亚笔记

氢是宇宙中分布最广的物质，占宇宙总质量的75%。不过氢在地球上主要是以化合物的形式存在的。例如我们最熟悉的水，就是由两个氢原子和一个氧原子组成的。氢的燃烧热值非常高，是同量汽油的3倍、酒精的3.9倍、焦炭的4.5倍。而且氢的燃烧产物就是水，不会对环境造成污染。

我们应该怎么做

作为一个现代人，还是要从自身的角度考虑，看看我们自己是否能做点什么。汽车，就是你也超级喜欢的这个代步工具，是不是可以尽可能少点应用呢？

虽然有点遗憾，不过我们真的该少开车，多走路，多乘坐公交车，这样也会少排放点污染物。

我的提议是不是非常好？

再有就是改进发动机的燃烧方式，减少排放污染物的能源的使用，通过各种净化措施，减少燃煤和石油等能源的污染物的排放，还有就是要对工业生产所产生的有害气体进行处理后再排放到空气中。

就目前我们还无法完全抛弃使用煤和石油等能源的状况，对工业生产中排放的物质采取净化处理，对所排放的硫氧化物进行回收再利用，的确是重要且必须的选择。

我在此呼吁那些排放污染物的企业，在提高生产的同时，更要做好对所排放物质的净化处理，或是从根本上减少污染物能源的使用。毕竟地球是我们大家的，无论环境被污染到什么程度，我们都要生活在这里。

在酸雨受灾区，应尽量避免淋雨，一旦淋雨后，要及时清洁被雨淋过的皮肤。尤其是在大雾发生的时候，为了尽可能少吸入有害物质，最好戴上口罩。如果不是必须出门，应尽可能待在室内。

你不知道的

为了降低酸雨对人体的危害，应尽可能避免和酸雨正面接触，同时还要注意食物和饮用水的卫生。从食物的营养结构和品种方面，要多吃无污染的绿色食品；多吃能促进身体排出有害物质的食品，如绿豆、海带、新鲜水果等。

让污染源头清洁起来的细菌

在当今这个遍地汽车的时代，汽车尾气当仁不让地成为导致大气污染的"生力军"。处理汽车燃油含硫等污染物的问题，也成了治理污染的重要环节。

人们对硫会造成污染这件事早有认识，因为自从人类进入工业化阶段，大量燃煤的使用就让最早的工业发达地区迅速尝到了硫的苦头。而酸雨的出现，让人们对硫有了更深刻的认识。

小细菌的大作用

早在 1948 年，在美国，就有人申请了生物脱硫的技术专利。不过因为无法有效控制细菌的作用，尽管有了专利，但仍属纸上谈兵阶段，没法投入到"实战"中。

在常温常压下，利用需氧菌和厌氧菌将石油中的硫去除，这就是生物脱硫，也叫生物催化脱硫。

自从 1948 年有了关于生物脱硫的技术专利之后，也有了一些成功实例见诸报端,但依旧没有多大的实用价值。其原因在于,尽管微生物将石油中的硫脱去了,但在除掉硫的同时,也消耗掉了油中的放热因素——炭。缺少了热量的油,其本身的价值也大大降低了。

直到 1998 年,美国的研究人员终于成功分离出两种特殊的菌株,它们可以有选择地将硫脱除,而不会让油丢失它们的“英雄本色”——放出热量。

此项技术在成功地生产和再生了生物脱硫催化剂的同时,还降低了脱硫的成本,让这项技术的推广更具可行性,同时这项技术还延长了催化剂的使用寿命。

此后,一种叫玫红球菌的细菌被分离出来,更是达到了在脱硫过程中,不损失油品中烃类的目的。

紧接着,在日本研究人员手中又有新菌种诞生,解决了柴油的

脱硫难题。这种细菌能将柴油中的二苯并噻吩和苯并噻吩中的硫同时去除。二苯并噻吩和苯并噻吩中的硫绝对是“顽固分子”，之前用其他的方法都很难脱除这两种硫化物中的硫。

生物脱硫（BDS）的过程，是通过自然界产生的有氧细菌和有机硫化物产生氧化反应，让硫原子被氧化成硫酸盐，或者是将亚硫酸盐转入水相，而二苯并噻吩（DBT）的骨架结构则氧化成羟基联苯留在油相。意思就是将想去除的放在“水”那边；想留下的，则留在原来的“油”这边。

尽管生物脱硫技术至今已有几十年的历史，但到目前为止，依旧处于开发研究阶段。

由于生物脱硫技术有许多优点，它可以与已有的加氢脱硫（HDS）装置有机组合，不仅让生产成本大幅降低，同时由于有机硫产品的附加值较高，生物脱硫比加氢脱硫在经济上有着更强的竞争力。

生物脱硫在同催化吸附脱硫强强联手后，也将催生出燃料油深度脱硫的更有效的方法。

细菌和硫的关系也算是源远流长。一直以来，黄铁矿的开采都是通过生物浸硫法去除铁矿中的硫，利用嗜硫杆菌在 35 ℃的酸性环境中达到黄铁矿的脱硫。另外，嗜硫杆菌还可以直接让硫氧化为硫酸。研究表明，细菌脱硫用在露天煤堆，既能够省去庞大的脱硫储存池，又可以让装卸、脱水、煤泥回收等工艺得到简化。

卡克鲁亚笔记

易溶于水的物质属于水相，不易溶于水的物质属于油相，也叫有机相。简单地说，把物质与水混溶，结果能成透明溶液的属于水相，分层或浑浊的就属于油相。如，水、甘油、酒精都属于水相，而液状石蜡、硅油和凡士林等就属于油相。一般情况下，水相是由各种金属离子组成的水溶液，在萃取的过程中作为被萃取溶液。

各种脱硫放大招

氧的妙用

氧和很多元素都能起反应。

氦、氖、氩、氪、氙、氡，这些稀有元素被称为惰性元素。

氧不断地和其他元素（惰性元素除外）组合，形成一些新面孔。正因为它的这种特性，才让其在脱硫的技术中，也占有了相当重要的一席之地。

从技术原理上来讲，氧化脱硫就是用氧化剂对噻吩类硫化物进行氧化，让它们变成亚砜和砜之后，再进一步用溶剂抽提的方法，将亚砜和砜从油品中脱除。

赶来帮忙的伙伴

ASR-2 氧化脱硫技术是一种新型脱硫技术，具有投资和操作费用低、操作条件缓和、不需要氢源、能耗低、无污染物排放等优

卡克鲁亚笔记

由硫酰基与烃基结合而成的化合物的总称叫砜。砜类化合物中的硫属于高价硫，是一种稳定性晶体有机化合物。砜类化合物在医药、塑料与基本有机合成等工业中被广泛应用，如苯丙砜、氨苯砜，是治疗麻疯病的药物。而由亚硫酰基与烃基R结合形成的化合物的总称为亚砜。

点。在此技术操作下，能生产出超低硫柴油，且在装置建设上也颇具灵活优势。

在这项技术的实验过程中，能把柴油中的硫含量从 7 000 微克/ 克降到 5 微克/ 克。

人们对 ASR–2 脱硫技术的研究已进行了多年，但因为催化剂的再生循环和氧化物的脱除还存在着一些技术问题，所以尚没有在工业中应用。相信在这些技术问题得到解决之后，这项技术将在“脱硫”这项和污染对抗战中重要的一个环节中，取得重大突破，为我们获得一个干净的大气环境做出贡献。

另外，还有一项超声波氧化脱硫技术，和 ASR–2 氧化脱硫技术基本相同。因为超声波的加入，加强了反应过程，让脱硫效果达到了更为理想的水平。相信在不久的将来，这项技术将会在抗击污染

的过程中大展拳脚。

与此同时，世界上还有很多科研人员正在进行着各种脱硫技术的研究，将各种新方法引入脱硫技术当中。

高效雾化脱硫除尘技术

这是一项通过对烟尘和二氧化硫等有害物质的化学成分和物流运动特性的研究，利用流体力学、空气动力学、化学、机械学等多门学科，集中了实心喷雾技术、雾化洗涤技术、凝聚雾化技术、冲击湍流技术、过滤吸收技术、除雾分离技术等高科技和多种工艺于一体的环保技术。

高效雾化脱硫除尘技术是一项使用寿命长、高效、低阻、节能且占地小、造价低、运行费用低、维修率低、管理方便、灰水闭路循环、无二次废水及扬尘污染的技术。

此项技术首先将含尘气体输入到高效实心喷雾洗涤室，经过碱性溶液的冷却降温，让烟尘达到饱和状态，将大颗粒粉尘和二氧化硫吸收掉。

随后，烟气、水雾、粉尘三相气流因质量的差异，以不同的惯性互相传质，并同时进入高效凝聚物化洗涤室后，再经过收缩、急聚和扩散等运动作用，完成第二次脱硫和除尘任务。

之后，烟气、水雾、粉尘三相气流以一定的速度，对装有碱性溶液的高效循环流化过滤室发起“冲锋”，通过充分冲出、湍流、搅拌、过滤、传质等一系列运动机理之后，完成第三次脱硫与除尘。

经过三次脱硫和除尘，这时候的烟气已经比较清洁了，然而这并不是这项技术的终点。这些已经变得很干净的烟气，将进入高效上稳旋流逆传质洗涤室，通过由上往下的碱性液膜与液雾产生逆向传质运动，完成最后一次脱硫除尘。

在经历了以上程序后，被“洗白”的烟尘就可以放心地在引风机的帮助下，顺利地从烟囱排向高空了。那些在整个脱硫除尘过程中所产生的灰水，则在经过处理后被回收，再次参与到脱硫除尘的工作中。而已经被处理干净的水，就可以放心大胆地从排水口流出，于是整个消烟、脱硫、脱氮、除尘、脱水、除雾的全过程就此完成。

你不知道的

当今，烟气脱硫技术种类已达到几十种，按是否加水和脱硫产物的干湿形态的脱硫过程，烟气脱硫可分为湿法、半干法、干法三大类。其中较为成熟的要算湿法脱硫技术，该技术具有效率高、操作简单等特点。

永不过时的自行车

环境污染的恶果，酸雨对建筑的戕害，对土地种植能力的损害，还有现在已经猖狂到了极点的雾霾……这所有的一切，让我们开始留意如何才能减少污染。现如今，环境污染的问题已经影响到了每个人的生活。

在这样的大前提下，自行车无疑又焕发出了新的青春。

曾经的辉煌

自行车对于我们来说，丝毫没有陌生的感觉。即便是在这个汽车时代，它也没有彻底退出人类的生活。只不过现如今，真正将它作为代步工具的人，已经不像过去那么多了。

不知道从什么时候起，自行车变成了被置于室内的健身工具。你当然会说，现在还是有很多人骑车出门的嘛！但是你可能不知道，中国曾经可是全世界最著名的自行车大国。那时候的中国，有超过5亿辆的自行车，每天清晨和傍晚的上下班高峰时，城市的马路上，那浩浩荡荡行进着的自行车大军，场面堪称壮观！

尽管自行车是欧洲人发明的，但是只有在中国，它才达到了“事业”的顶峰。中国庞大的人口基数和骑车人数，大概给了自行车相当大的自豪感吧！中国也因此有了一个“自行车王国”的称号。

你是不是觉得这么说还是有点小题大做，毕竟自行车实在是太普通了。

但是曾经的自行车和现如今的汽车一样，是一种生活品质的象征。这话丝毫没有夸张的成分，就在几十年前，衡量一个家庭生活水平高低的标准，就是是否拥有“三转一响”。

这个词儿，估计现在的年轻人是不知道什么意思了。

“三转”说的就是手表、自行车和缝纫机，而“一响”，说的就是收音机。这几样东西就是对当时生活的一个衡量标准，那时候，年轻女孩对结婚对象家里经济条件的要求就是“三转一响”。

不用想这样的标准是不

是有点可笑，这就是时代的差别。不过今天，我只是想通过这个曾经岁月的小插曲，向大家展示一下自行车曾经的“辉煌历史”。

自行车，可谓是人类发明的一种看似简单，但其实简单中又包含着组成后的复杂的人力机械。可以说，自行车是一项非常成功的发明。

诞生的故事

笨笨的木头自行车

1790年的某一天，在法国巴黎的一条街道上，一个叫西夫拉克的年轻人走在路上。前一天刚刚下过雨，路面上的积水很多，路人都小心翼翼地行走着，生怕滑倒。突然，一辆马车飞驰而过，街道原本就很狭窄，马车的车体又宽，尽管西夫拉克很幸运地躲过了马车的撞击，但还是被溅了一身泥水。

西夫拉克想：如此狭窄的街道，如果马车能窄一些，不是会更方便吗？

西夫拉克回到家后冥思苦想，然后便开始动手设计。经过反复试验，他终于在第二年造出了一架可以代步的“木马轮”小车。这就是世界上的第一辆自行车，只不过它是用木头制作的，结构也比较简单，不仅没有驱动装置，也没有转向装置，必须用双脚使劲儿地蹬地前行，而在改变方向的时候，就只能下车搬动了。

然而当西夫拉克骑着这辆有些笨拙的木头自行车在公园里兜风的时候，依然引来路人的赞叹。

1816年，有一个叫德莱斯的德国看林人，每天都要从东边的树林走到西边的另一片树林。德莱斯想：如果能有一辆车子，可以随便行走和停下，岂不是既方便，又潇洒！

德莱斯开始用木头制造车子。尽管和西夫拉克的车一样，他也只能用两只脚在地上蹬着走，但是他又有所改进，在前轮加上了一个可以控制方向的车把，用来改变行驶方向。

德莱斯可没有西夫拉克那么幸运，得到大家的称赞，而是受到很多人的嘲笑。不过他却毫不在意，反而十分喜欢自己的作品，还亲切地称它为“可爱的小马”。他每天依旧开心地骑着“小马”，从东到西地工作着。

一次，一个马车夫见到正骑着这辆木头车的德莱斯，就嘲笑他的车太慢。于是德莱斯就和马车夫打赌，比赛究竟是马车快，还是这辆木头自行车快。

结果这辆在当时人们眼里毫不起眼的木头自行车，竟然比马车快了一个多小时。

进步的“野蛮骑车”

时间又过去了几十年，英格兰的一个铁匠弄到了一辆破旧的“可爱的小马”，于是根据这个“小马”的启示，他在后轮的车轴上装上了曲柄，又用连杆将曲柄和前面的脚蹬连接在一起。重要的是，前后轮都是用铁制造的。

这辆前轮大、后轮小的自行车，只要踩动脚蹬，车子就会自动地运动起来开始向前跑，速度当然比之前更快了。不过这辆变得快起来的自行车，却不幸地遭到了警察的处罚，罪名则是——“野蛮骑车”。

听起来是不是挺可笑的？现在的人大概只听说过“野蛮驾驶”，谁也不会将这个词和自行车联系在一起吧！

1861 年，有一对做马车修理匠的法国父子，又给自行车的前轮装上了能转动的脚蹬板，而车子的鞍座则是在前轮的上面。我们都知道，现在的自行车鞍座都是在后轮上的。这对父子的设计需要骑车人有着高超的车技，否则就会因为抓不稳车把而从车上掉下来。

这怎么给人一种表演杂技的感觉呢？不过正是从这辆车开始，这种由人骑着的交通工具，正式有了“自行车”这个名字。这辆车还在 1867 年的巴黎博览会上展出过，让当时的人们大开眼界。

一个叫雷诺的英国人看到这辆车子，觉得它太笨重了，于是开始研究如何把自行车做得更轻巧。

他用钢丝做辐条来拉紧车圈作为车轮，同时利用细钢棒来制造车架，但还是保持着车子的前轮较大、后轮较小的特点，这样是想尽可能地让自行车的重量更轻吧！

从西夫拉克到雷诺，这些人制作的自行车都和现代我们所熟悉的自行车存在着较大的差别。

直到 1874 年，一辆具有现代形式的自行车，在一个叫罗松的英国人手中诞生了。罗松给自行车装上了链条和链轮，通过后轮的转动来推动车子行驶，不过却依旧保持着前轮大、后轮小的特点，这就使自行车看起来还是不够协调和稳定。

1886 年，也就是在罗松改造了自行车的 8 年之后，一个叫约翰·斯塔利的英国机械工程师，从机械学和运动学的角度出发，设计出了新的自行车款式。他设计的自行车不仅有了前叉和车闸，还

用钢管制造出了菱形车架，并首次使用了橡胶作为轮胎材质。最重要的是，斯塔利制造的自行车，前后轮一样大！

关于自行车前后轮的差距问题，如果你看到曾经那大大的前轮和小小的后轮的图片，你一定会很惊讶。那可不是一般的差距啊！

如果你看到之前的前后轮差距巨大的自行车，再回头看看如今前后轮一样大小的自行车，你就会觉得这个叫斯塔利的机械工程师，的确对自行车做出了巨大的贡献。斯塔利不仅改进了自行车的结构，还制造了生产自行车零部件的机床，自此，自行车就开始被推广应用并大量生产。

斯塔利设计的自行车，和我们今天所使用的自行车，外观基本吻合，他也因此被后人誉为“自行车之父”。

1888 年，爱尔兰人邓洛普在给牛治疗胃气膨胀的过程中受到启发，于是他把自己家花园里用来浇水的橡胶管粘成圆形，再打足了气，将其装在了自行车的轮子上，并骑着这辆自行车参加比赛，居然名列前茅！

这个举动一下引发了人们的兴趣，自此产生了充气轮胎。这可算是自行车发展史上的一个划时代的创举啊！充气轮胎增加了自行车的弹性，避免了路面不平带来的巨大震动，并且大大地提高了自行车的行驶速度。自行车的功能变得更加完备起来。

为什么"牛胃气膨胀"能给邓洛普带来这样的灵感呢？哈哈，那是因为邓洛普是一个兽医。

从这一点上可以看出，人类的发明并不局限于自己本身所研究的范围。能不能有所建树，就要看你是否能将自己掌握的知识、技能和这个世界上的事物联系起来。墨守成规的做法永远都是前进道路上的绊脚石。

就在爱尔兰兽医邓洛普给自行车贡献出充气轮胎灵感的那年，英国的斯塔利生产出了第一辆现代自行车——安全自行车。菱形车架让车身具有更高的刚度和强度，后轮用链条驱动，并通过前叉直接把握方向。自此，人类找到了不需要燃料却能快速前进的方式。

自行车和中国

早在清朝末年的同治时期，也就是1868年11月，几辆自行车漂洋过海，从欧洲来到中国的上海，正式落户在中国。那时候的自行车还是两脚在地上引车而走的时代，所以也就是一种业余消遣的娱乐工具。

直到1874年，也就是清朝同治十三年，有一个叫米拉的法国人从日本将一种人力运输的车辆带到上海，这就是曾经在旧中国时代沿用了几十年的旧式人力出租车，所谓的“东洋车”。这种车最为

国人熟悉的名字,应该是“黄包车”了。这个名字来源于车的颜色。

时间又过了 10 年,也就是 1884 年,在中国出版的《申江胜景图》上,首次出现了关于中国出现骑自行车的情景。描述如下:

人如踏动天平,亦系前后轮,转动如飞,人可省里走路。不独一人见之,相见者多矣。

那时候,自行车在欧洲也不过是刚刚起步,可见自行车传入中国的速度够快了。那时候骑自行车的,大多是在中国生活或工作的欧洲人。

不过仅仅在一年后,自行车零件就被作为五金杂货输入到上海。到了 19 世纪末,自行车和它的零件已经在上海有了广泛的市场。1897 年开始,中国从英国进口自行车,和已存在多年的马车,以及先引入的人力车共同成为主要的交通工具。

到了 1940 年,上海自行车厂正式成立,这就是后来曾经非常有名的生产永久牌自行车的厂家——上海永久股份有限公司的前身。从此以后,中国有了属于自己的品牌的自行车——永久牌自行车,在后来的全中国庞大的自行车群中,和飞鸽牌自行车一起成为当时中国人心中向往的自行车。

自行车以它不需要任何能源,就可以较快捷地带人行驶的特点,让它在汽车还不普及的时代,成为最方便的交通工具。尽管随着汽车时代的来临,自行车的代步功能一度变得不那么重要,但它还是在锻炼身体或体育项目中占有一席之地。不过,随着人们对环境的新认识,以及机动车带来的污染,我们重新感受到了自行车的魅力。

为什么非要到健身馆里去骑原地不动的自行车呢？如果在生活中，就骑着它抵达你想去的地方，不是既节省了时间，又达到了锻炼身体的目的吗？

为了减少环境污染，让我们有一个良好的生存环境，为了锻炼身体，让我们的身体更健康，选择自行车作为出行的交通工具，无疑是一个一举两得的聪明之举。清洁的环境，良好的锻炼，都是我们健康的保证。

单轨电车和飞艇

在如今这个提倡环保的时代，尽量减少开车，尽可能乘坐公共交通工具，不管是否能做到，但毕竟已经达成了共识。

当然，让人类放弃现使用代化交通工具，是绝对不现实的。这种情况下，一些不排放污染物的交通工具，如电动车、自行车等，就受到环保人士的推崇。

而有些公共交通工具，在带给人出行方便的同时，还以它独特的运行方式，给人带来一种出行的乐趣。单轨电车就是一种以独特方式运行的交通工具，成为城市里的一道靓丽风景。

飞艇，这个曾一度没落沉寂的名字，在这个新式交通工具日益凸显出污染问题并引起人们关注的时代，作为一种使用清洁能源的交通工具，又重新回到了人们的视野。

一条轨道上的行驶

提到铁路，你会想到什么？首先就该是铁轨吧！想到铁轨，当然会想到两条平行的轨道。但是，就有这么一种供电车行驶在上面的轨道，却只有一条。电车"骑在"轨道上，从高处行驶而过，还真是都市的一道亮丽风景哦！

单轨铁路的两种形式

▶一种是悬挂式单轨，就是轨道在电车的上方，电车看上去就像是悬吊在轨道上一样。是不是有点刺激？

▶另一种就是比较常见的跨座式单轨铁路。电车看上去就像

骑在轨道上一样。和悬挂式单轨比起来，跨座式单轨至少在视觉上很有安全感。

1888 年，就是爱尔兰人邓洛普给自行车装上充气轮胎的那年，由法国人设计的世界上第一条跨座式单轨铁路在爱尔兰诞生。这条总长约 15 千米的线路上行驶着由蒸汽机牵引着的车厢，那时候还不是电车呢！这条线路还是一直运行到了 1924 年。

随后不久，德国人又发明了悬挂式单轨交通，并在德国的鲁尔区伍珀塔尔修建了大约 13 千米长的悬挂式单轨铁路，自此，这里便成了著名的“悬车之城”。这条线路的修建时间是 1898 到 1901 年之间，这也是世界上历史最悠久的悬挂式单轨交通线路。

其实你大可不必担心悬挂式单轨的安全性，只要技术过关，它不会比行驶在路面上的车危险。

第二次世界大战结束之后，随着科技的进步，跨座式单轨铁路也受到了各方的重视，并逐渐完善和成熟起来。

1952 年，德国在科隆附近

的菲林根建造了一条实验性单轨铁路，经过反复研究，最终在 1958 年得出结论，跨座式、混凝土轨道，加上和橡胶充气轮胎相结合，可达到单轨交通的最佳效果。这种组合的跨座式单轨铁路在后来被广泛使用。

1960 年，法国的多家公司联合设计出了悬挂式单轨车，并投入使用。

1960~1965 年，日本引进各国的先进技术，并研制出多种日本式单轨车为配合东京奥运会的举办，1964 年 9 月，日本建起连接东京羽田国际机场，全长 17.8 千米的东京跨座式单轨交通系统。

单轨的特点

单轨电车不仅占地面积小，垂直空间也较小。单轨铁路的宽度只与车辆有关，而与轨距无关。单轨铁路绝大多数都是以高架的形式修建的，地面上只需很小的空间来建造承受路轨的桥墩。此外，单轨铁路主要在半空中运行，不会导致交通拥堵的问题。

仅从普通人的视觉上观察，和其他的高架铁路相比，单轨铁路占用的空间要小得多，而且不会影响视线。这些特性，让这种在一条轨道上行驶的交通工具，特别适合建筑物密集的狭窄街区。

另外，单轨电车的橡胶轮胎行驶在混凝土上的钢轨上，发出的噪声很小，在嘈杂的大城市，这一点无疑也是一个优势。

单轨铁路还有一个特点，就是它有着很强的爬坡能力，加之它的拐弯半径小，让它能适应复杂地形。

单轨的适用性

单轨电车的特点让它成为连接大城市中心城和卫星城之间交通线路的最佳选择。它还可以作为城区通往机场、码头、铁路干线等对外交通枢纽中心的客运交通工具。

另外，单轨电车还可以作为大城市中心区与郊外大住宅区之间的交通连接线，或者是大型购物商场、娱乐场所、大型机场，大学内部的客运交通工具。

乘坐悬在半空中的单轨电车，也是欣赏城市风景的一种很好的选择。在欣赏风景的同时，单轨电车中的人也和电车一起，成为城市的一道风景。

单轨的缺点

凡事总是有着两面性，单轨电车也不例外。

跨座式单轨铁路的道岔结构比较复杂，这就让列车的最短运行间隔受到了限制。运行的轮胎和轨道之间的摩擦系数也比较大，因此能源的消耗也比较大。

另外，一旦出现紧急情况，单轨铁路上的乘客没有逃生的地方。车距离地面很高，而且两旁没有可站立的路轨，车头和车尾两端的路轨也很窄。因此，有些单轨铁路就在路轨的两旁修建了可供人行的紧急通道。

看看，只要用心，这些问题都是可以解决的。

就目前单轨铁路在世界上的状况，除日本外，没有大小标准。目前所运行的单轨的速度及载客量通常无法和其他公交相比。

如今的大型跨座式单轨系统，通过加编组、缩短间隔等方式，客流量已经和地铁不相上下了。

卡克鲁亚笔记

高架单轨占地少、污染小，还能有效利用道路中央隔离带，并且具有成本低、工期短等优点，这种交通工具在未来大有发展前途。此外，单轨列车和轨道容易检查和维修养护，特别是在地形条件复杂，利用其他交通工具比较困难的地方，就更能体现出它的优越性。

世界上的著名单轨一览

建成于 1901 年的德国乌帕塔的悬挂列车，是目前仍然持续营运的最早的悬挂式单轨铁路。其独一无二的钢轨式运行，让这条线路的每日载客量超过了 7 万人次。

德国多特蒙德大学于 1984 年修建的无人驾驶高空悬挂单轨列车，则让学生们往来于南校和北校之间变得更加方便。

在日本，至少有 6 个城市有单轨铁路，其中东京的单轨铁路年载客量超过 1 亿人次。

美国在加州和佛罗里达的迪士尼乐园都建有单轨运行系统，每年的载客量超过几百万人次。迪士尼乐园里的单轨铁路非常气派，已经成了配合游乐设施的一个游乐模型。但是单轨铁路绝不仅仅是主题乐园里的一个游乐项目，它本身还是一种交通工具。

美国拉斯维加斯于 2004 年建成了连接各赌场及会议中心的

单轨铁路。

马来西亚首都吉隆坡的单轨铁路主要是连接市内的主要商场。

在中国重庆的城市交通系统中，也有两条跨座式单轨铁路。其中重庆轨道交通二号线于 2005 年正式运营，而在两条轨道之间设有乘客紧急通道的重庆轨道交通三号线，也于 2011 年 9 月投入运营，该线路全长 55 千米，是当时世界上最长的单轨铁路。

东京单轨电车的起伏

1964 年，第 18 届夏季奥运会在东京举办。

为了迎接大批抵达东京羽田国家机场的国内外旅客，将旅客更快捷地从机场送往市内各地，日本决定修建一条单轨铁路路线，这条路线最终在奥运会开幕前 20 多天正式启用。

虽然赶上了奥运会的开幕，但是因为工程费用超支，路线的经营起初比较艰难。刚开始，因为迎接奥运会，路线仅仅是为了机场的旅客出入服务而没有中途车站，结果导致只有极少的机场旅客使用该线路，再加上费用高，一般市民不愿接受，这就使得列车经常处于平均20%的乘坐率。

不得已，铁路公司在降低票价的同时，还发行了优惠券，借以吸引那些想参观机场的市民，另外又陆续增加了车站。但很遗憾，这些做法还是没有带来大量的乘客，这让铁路公司处于破产边缘。

不过随着国际、国内航线的逐渐发展，往来于机场的旅客也逐渐增加，而单轨铁路比经常塞在高速公路上的大巴和的士要快很多，这样的优势让乘客开始增加起来，而且在很长一段时间里，这条线路是羽田机场唯一的交通线路。但是此后，从1998年开始，有多个公交、地铁线路和机场相接，单轨铁路再次面临经营危机。

恰逢此时，JR 东日本(东日本旅客铁道，正考虑参与到前往羽田机场的铁路行列，于是和单轨铁路公司一拍即合，东京单轨电车遂于 2001 年正式归于 JR 东日本旗下。

此后，在 JR 东日本的强有力竞争下，单轨电车得到了进一步的发展。随着羽田机场第二客运大楼于 2004 年正式启用，由羽田机场延伸到第二客运大楼的单轨线路也随即启用。

卡克鲁亚笔记

日本东京单轨电车羽田线，总长 17.8 千米，单轨电车从滨松町到羽田机场第二客运大楼。这家公司原本隶属于东京单轨电车公司，除了经营单轨电车外，还经营旅游业中介以及停车场业务等。

飞艇

飞艇，这个名字大家都应该知道，但是对它的飞行形式，大家就未必了解了吧！

飞艇的样子

飞艇是浮空器的一种，它的原理就是利用比空气轻的气体产生的浮力，让航空器飞起来。

根据原理的不同，浮空器可分为飞艇、系留气球以及热气球等。而浮空器中的飞艇和系留气球，因为它们的特性，经常被用在军事上。飞艇和系留气球还是有着很大区别的，那就是飞艇有自带的动力系统，是可以自行飞行的。

最早的飞艇都是使用氢作为浮升气体的，而现代的所有飞艇都是使用氦作为浮升气体。虽然氦能提供的升力较小，而且比较昂贵，但是因为氦气不易燃，让飞艇变得更加安全。

现代飞艇都装有发动机，所载货物要么悬挂在下方的吊舱中，要么被安置在骨架的内部。另外，飞艇和热气球最大的不同之处，除了具有发动机的可操纵性之外，还具有刚性骨架。

飞艇的发动机所提供的动力，主要用于飞艇的水平移动，以及飞艇上各种设备的供电。从这一点可以看出，飞艇和现代的喷气飞机比起来，有着很好的节能效果。更重要的是，飞艇对环境的破坏也要小得多。

从结构上来讲，飞艇可分为三种：硬式飞艇、半硬式飞艇和软式飞艇。

硬式飞艇内部有金属或者木材支撑的骨架，可以让飞艇保持一定的形状及刚性，在骨架的外面覆盖着蒙皮，而在骨架的内部则装有许多提供升力的充满气体的独立气囊。

半硬式飞艇主要通过气囊中的气体气压来保持形状，其他部分则还是要靠刚性骨架支撑。

20 世纪 20 年代，一艘由意大利制造的半硬式飞艇从挪威出发，在穿过北极点后飞抵阿拉斯加，它是人类历史上第一架到达北极的飞行器。

用小刀迫降的试飞

1784 年，法国的一对兄弟制造了一艘长 15.6 米，最大直径 9.6 米的人力飞艇，在充入氢气后，可产生 1 000 多千克的升力。兄弟二人觉得飞艇在空中飞行的样子和原理与鱼在水里游动差不多，于是他们就把飞艇做成了鱼的形状。不仅如此，他们还把绸子绷在直径两米的框子上，给飞艇制造了桨。你能想象，在空中用这个桨“划”空气是种什么感觉吗？

7 月份的一天，兄弟二人准备试飞了。当气囊充满了氢气，飞艇冉冉升起后，随着高度的不断增加，大气压的逐渐降低，气囊内的氢气也跟着逐渐膨胀，并且越来越大，眼看就要胀破了！兄弟二人赶忙拿一把小刀把气囊刺了个小洞，这才让飞艇安全着陆。

通过这次实验，他们总结出一点：必须给气囊留一个放气的阀门。

于是兄弟二人对飞艇进行了改进，几十天后，他们又做了第二次飞行。这次飞行由 7 个人划桨，飞行了 7 个小时，不过却只飞了几千米。

1872 年，法国人特·罗姆制作出一艘用螺旋桨代替划桨的人力飞艇。这艘飞艇长 36 米，最大直径为 15 米，再加上吊舱，整个飞艇高达 29 米！这艘飞艇可以乘载 8 人。螺旋桨的直径为 9 米，由几个人轮流转动螺旋桨，产生拉力后牵引飞艇前进，速度达到了每小时10 千米！

飞艇的崛起

那时候的飞艇多采用氢气作为升空浮力，而氢气易燃易爆，随着一些重大事故的发生，加之其他交通工具的迅速崛起，飞艇也逐渐淡出了人们的视野。

然而航空技术的进步为飞艇的“回归”奠定了强大的技术基础，飞艇再次回到人们的视野中。

尽管和飞机比起来，飞艇显得有些笨拙，而且不易操纵，当然速度也较慢，还特别容易受到风力的影响，但是它却有着很突出的优点，比如可以垂直起降，既可以长时间悬停，又可以缓慢行进，而且绝对不会因为这种“高难度动作”而消耗更多的燃料。另外，它的噪声小，污染更小，加上改用氦气，安全性也大大提高了。还有一点是飞机绝对比不了的，那就是它不需要飞机场！

据计算，用飞艇运送一吨货物，费用要比用飞机运送少 68%，比用火车运送少 50%！